U0216936

国家重点研发计划项目“闽三角城市群生态安全保障及海岸带生态修复技术”
子课题“海岸带关键脆弱区生态修复与服务功能提升技术集成与示范”
（编号：2016YFC0502904）

国家出版基金项目
NATIONAL PUBLICATION FOUNDATION

南方滨海
沙生植物资源及沙地植被修复

Coastal Sand Plant Resources and Vegetation Restoration of South China

王文卿 陈洋芳 李芊芊 范志阳 著

厦门大学出版社
XIAMEN UNIVERSITY PRESS
国家一级出版社
全国百佳图书出版单位

图书在版编目(CIP)数据

南方滨海沙生植物资源及沙地植被修复/王文卿等著. —厦门:厦门大学出版社,2016.12

(厦门大学南强丛书. 第6辑)

ISBN 978-7-5615-6368-7

Ⅰ. ①南… Ⅱ. ①王… Ⅲ. ①海滨-沙生植物-生态恢复-研究-中国 Ⅳ. ①Q948.4

中国版本图书馆CIP数据核字(2016)第313689号

出 版 人 蒋东明
责任编辑 陈进才 李峰伟
美术编辑 李夏凌
责任印制 许克华

出版发行 厦门大学出版社
社　　址 厦门市软件园二期望海路39号
邮政编码 361008
总 编 办 0592-2182177 0592-2181406(传真)
营销中心 0592-2184458 0592-2181365
网　　址 http://www.xmupress.com
邮　　箱 xmupress@126.com
印　　刷 厦门集大印刷厂

开本 787mm×1092mm 1/16
印张 33.75
字数 580千字
印数 1～3 300册
版次 2016年12月第1版
印次 2016年12月第1次印刷
定价 120.00元

厦门大学出版社
微信二维码

厦门大学出版社
微博二维码

总　序

厦门大学校长
“厦门大学南强丛书”编委会主任　朱崇实

厦门大学是由著名爱国华侨领袖陈嘉庚先生于1921年创办的，有着厚重的文化底蕴和光荣的传统，是中国近代教育史上第一所由华侨出资创办的高等学府。陈嘉庚先生所处的年代，是中国社会最贫穷、最落后、饱受外侮和欺凌的年代。陈嘉庚先生非常想改变这种状况，他明确提出：中国要变化，关键要提高国人素质，要提高国人素质，关键是要办好教育。基于教育救国的理念，陈嘉庚先生毅然个人倾资创办厦门大学，并明确提出要把厦大建成“南方之强”。陈嘉庚先生以此作为厦大的奋斗目标，蕴涵着他对厦门大学的殷切期望，代表着一代又一代厦门大学师生的志向。

1991年，在厦门大学建校70周年之际，厦门大学出版社出版了首辑“厦门大学南强丛书”，共15部优秀的学术专著，影响极佳，广受赞誉，为70周年校庆献上了一份厚礼。此后，逢五逢十校庆，“厦门大学南强丛书”又相继出版数辑，使得“厦门大学南强丛书”成为厦大的一个学术品牌。值此建校95周年之际，我们再次遴选一批优秀著作出版，这正是全校师生的愿望。入选这批“厦门大学南强丛书”的著作多为本校优势学科、特色学科的前沿研究成果。作者中有院士、资深教授，有全国重点学科的学术带头人，有新近在学界崭露头角的新秀，他们都在各自的学术领域中受到瞩目。这批学术著作的出版，为厦门大学95周年校庆增添了浓郁的学术风采。

至此，“厦门大学南强丛书”已出版了六辑。可以说，每一辑都从一个侧面反映了厦大学人奋斗的足迹和努力的成果，丛书的每一部著作都是厦大发展与进步的一个见证，都是厦大人探索未知、追求真理、为民谋利、为国争光精神的一种体现。我想这样的一种精神一定会一辑又一辑地传承下去。

大学出版社对大学的教学科研可以起到很重要的推动作用，可以促进它所在大学的整体学术水平的提升。在95年前，厦门大学就把"研究高深学术，养成专门人才，阐扬世界文化"作为自己的三大任务。厦门大学出版社作为厦门大学的有机组成部分，它的目标与大学的发展目标是相一致的。学校一直把出版社作为教学科研的一个重要的支撑条件，在努力提高它的学术出版水平和影响力的过程中，真正使出版社成为厦门大学的一个窗口。"厦门大学南强丛书"的出版汇聚了著作者及厦门大学出版社全体同仁的心血与汗水，为实现厦门大学"两个百年"的奋斗目标做出了一份特有的贡献，我要借此机会表示我由衷的感谢。我不仅期望"厦门大学南强丛书"在国内学术界产生反响，而且更希望其影响被及海外，在世界各地都能看到它的身影。这是我，也是全校师生的共同心愿。

2016年3月

前 言

我国大陆海岸线总长约1.8万千米，其中沙质海岸约0.4万千米，占总长度的22%。受人类活动和全球变化的双重影响，我国70%的沙质海岸都处于侵蚀退化状态。海岸带的城市扩张直接侵占了大量沙地资源，生搬硬套的沙地绿化直接破坏了沙地植被，大规模的采沙活动直接导致了沙滩萎缩，河口污染导致了沙滩泥化，海平面上升和逐年加剧的台风和风暴潮更加剧了海岸线侵蚀。以上因素不仅完全改变了滨海沙地的自然地貌，更大大降低了滨海沙地的防灾减灾功能，导致滨海沙生植物消失或濒临灭绝，进而使沙滩的旅游休闲功能受损。根据我们最近的调查，我国南方滨海沙生植物的珍稀濒危种比例达31%，大大高于我国高等植物15% ~ 20%的平均水平。

适应于滨海沙地干旱、高温、高盐、强风、沙埋、贫瘠的恶劣条件，沙生植物表现出诸多物竞天择的有趣现象，在形态、生理和生态方面形成了一系列独特的适应。它们奇特的形态、鲜艳的花朵、独特的繁殖方式、把握机遇的能力，是那么令人迷恋！它们倔强、孤独而独特的生存方式，是多么令人震撼！沙生植物是海岸的第一道生命线，它的存在让沙滩充满生机。沙生植物，沙滩因你而美丽！

沙地植被的发育程度，是沙滩发育的标志，更是沙滩功能的标志。沙地植被的存在，不仅美化了景观，更重要的是可以极大提高滨海沙地的风暴缓冲能力。近年来，我国各地兴起了以补沙为主要手段的沙滩生态修复，少数地方开始尝试沙滩绿化。我国不仅在西部沙地绿化理论和实践方面取得了举世瞩目的成就，而且在滨海沙地木麻黄防护林建设方面成效显著。但是，时至今日，构建多树种、多层次、结构稳定、低维护成本的滨海沙地绿化体系还是一句空话，木麻黄防护林林带更新和风沙灾害易发生区的生态恢复与重建方面还困难重重。一方面，一些人认为滨海沙地环境恶劣，只能营造木麻黄林。另一方面，一些地方不顾滨海沙地环境恶劣的实际情况，将常规园林绿化的手段生搬硬套至滨海沙地。每当看到印刷精美、豪言满篇的滨海沙地绿化设计方案，每当看到造价高昂但完全是破坏生态且景观效果极差的沙地“生态修复工程”，每当发现某种珍稀濒危植物因人为因素而减少一个分布点，顿时会有一种刻骨铭心的无奈与无助感。

我国对滨海沙地的重视不足，除了沙滩发育与演化方面的研究不足外，沙生植物本身因植株低矮、生物量小、绿量有限而得不到重视。除了开展木麻黄造林外，沙生植物资源现状、生理生态、生态功能、保育理论与技术方面有很多理论和技术空白，迫切需要一套针对滨海沙地植被保护与恢复的技术体系，包括与植被有关的滨海沙地发育与演化理论、沙生植物资源、沙生植物保育技术、沙地绿化技术体系等。

本书是国内第一部关于滨海沙地修复技术和沙生植物资源的专著。20多年来，笔者实地调查了浙江、福建、广东、广西、海南、香港和台湾的大部分海岸与海岛的沙地植物资源与植被恢复现状。本书在介绍我国南方滨海沙地植物资源的基础上，对国内外滨海沙地植被修复的理论、技术和实际案例进行总结，试图向读者介绍一套理论与实际相结合、应用性较强的滨海沙地植物资源保护与植被修复技术，以提高我国南方滨海沙地保护、管理、利用与修复技术水平。本书共分5章，第一章系统论述滨海沙地及沙生植物的特征；第二章从滨海沙地的现状、特点及分类角度介绍了我国南方滨海沙地；第三章在总结我国滨海沙地植被恢复及沿海防护林建设成果的基础上，从滨海风障工程技术体系、沙地植被生态恢复以及辅助防护林建设3方面阐述了相关的滨海沙地植被恢复技术；第四章对国内外6个滨海沙地绿化典型案例的优缺点进行了系统介绍，以期为滨海沙地绿化工作者和环保工作者提供参考借鉴；第五章收录了160种滨海沙地植物，介绍了其分布、生境、特点与用途，并配有形态、生境、应用等照片。受篇幅限制，物种分布省区的描述仅限于我国沿海省区，各物种生境的描述也仅限于滨海地区。本书第一章由陈洋芳和李芊芊撰写，第二章由李芊芊和陈洋芳撰写，第三章由王文卿和陈洋芳撰写，第四章由陈洋芳和范志阳撰写，第五章由王文卿撰写。本书适合从事植物资源保护、开发和利用的研究人员和学生使用，更适合从事滨海绿化的工作人员使用。

本书是在国家重点研发计划项目“闽三角城市群生态安全保障及海岸带生态修复技术”子课题“海岸带关键脆弱区生态修复与服务功能提升技术集成与示范”（编号：2016YFC0502904）的资助下完成的。感谢澳大利亚 Griffith 大学 Joe Lee 教授提供了考察澳大利亚东海岸沙生植物资源与沙地绿化的机会。野外调查过程中，得到了海南东寨港国家级自然保护区管理局钟才荣高级工程师，浙江省亚热带作物研究所陈秋夏研究员，广西海洋研究院何斌源研究员，深圳绿源环保协会黄幸达会长和朱珠女士，UNDP-GEF 海南湿地保护项目经理周志琴女士，“行政院农委会”特有生物保育中心薛美莉女士，中国林科院热带林业研究所廖宝文研究员，国家海洋局南海分局黄华梅博士、陈洁博士和李明杰博士，国家海洋局国家海洋环境监测中心孙永光博士，广西北海市防护林场刘珏场长，广西红树林研究中心范航清研究员，海南琼海滨海苗木公司符兴椿，厦门市市政园林局廖其炓高级工程师等的帮助。厦门大学研究生陈琼、张琳婷、罗柳青、侯梦莹、史小芳、黄丽等参与了部分野外调查。一些疑难标本的鉴定，得到了厦门大学生命科学学院侯学良副教授的帮助。在此一并致谢！本书的酝酿，始于 2010 年在澳大利亚 Griffith 大学访学期间，再一次感谢 Joe Lee 教授为笔者创造的宽松自由的学术氛围。最后，感谢妻子王瑁的默默付出。

受专业知识和野外调查时间限制，本书误漏难免，敬请读者指正。

王文卿

2016 年 11 月 5 日夜于高雄

目　录

第一章　绪　论

第二章　我国南方滨海沙地

第三章　南方滨海沙地生态修复及技术

第四章　南方滨海沙地绿化案例

第五章　南方滨海沙生植物资源

［草本］

[灌木]

［乔木］

索 引

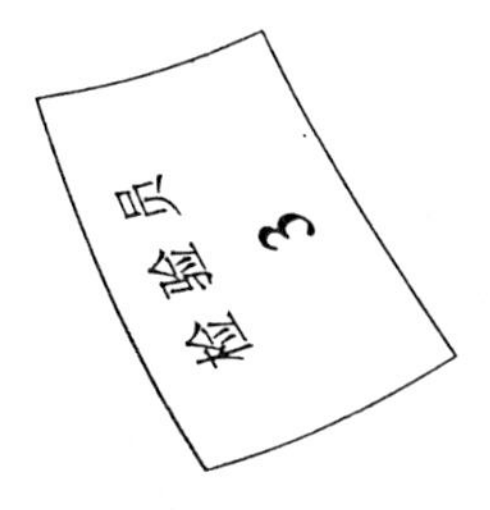

第一章 绪 论

滨海沙地是海洋、陆地和大气交界面受风和水作用的动态地貌景观，不仅具有强大的防灾减灾功能，而且因其特殊的位置、别具一格的动态特征和无与伦比的亲和力，成为滨海旅游的重点区域。滨海沙生植物是海岸带特殊而珍贵的生物资源，具有奇特的外形、鲜艳的色彩、惊心动魄的生存之道。它们或默默无闻地独居沙地一角，或热热闹闹地在沙地上出尽风头，给单调的滨海沙地带来了勃勃生机。随着全球变化和海岸带社会经济的快速发展，加上一些地区不合理的开发利用，以海岸侵蚀和沙地植被退化为主要表现形式的海岸沙地退化日趋严重，不仅沙质海岸地貌发生了巨大变化，而且生态服务功能也严重削弱。

我国在内陆沙漠植物资源、生理生态和植被恢复技术方面取得了长足的进展（赵哈林，2007）。20 世纪 50 年代以来在海岸沙地木麻黄防护林的建设方面取得了举世瞩目的成就，但在滨海沙生植物资源的调查与保护、滨海沙生植物的生理生态、滨海沙地植被恢复理论与技术方面明显滞后。本章将对滨海沙地和沙生植物的基础知识、南方滨海沙地环境、沙地植被环境修复意义等进行概述。

第一节 滨海沙地

滨海沙地一般指海岸沙丘地，俗称沙荒地。滨海沙地上的植物区系，统称为滨海沙生植物。

滨海沙地迄今没有确切的定义，最常见的描述为：滨海沙地生境严峻，土壤贫瘠，易透水，保肥力差，生境干旱，阳光强烈，常年风大，蒸发强，土壤受海风和海水影响大，盐分高，植被演替困难。上述的这些气候环境特点虽然可以表征滨海沙地，但缺乏统一的科学界定。此外，我国南北纬度跨度大，在多种地貌形态分布的自然海岸上，均表现出局部差异性。因此，为了建立科学的滨海沙地及沙地植被研究体系，首先需要明确几个与滨海沙地密切相关的海岸带基本术语和概念。

一、海岸带术语及概念

海岸带即海陆系统交错带，从不同的角度和研究目的出发，海岸带范围的界定各有侧重。全世界关于海岸带的定义和海岸类型分类方案很多，且容易混淆。结合本书滨海沙生植物的研究内容和目的，笔者选择以海滩物质及地貌形态为基础的概念和分类方案。

（一）海岸带

一般海岸带即狭义海岸带，指陆地与海洋互相作用的过渡带，由潮上带、潮间带和潮下带 3 部分组成。不同岸段海岸带宽度差别很大，因此海岸带界线比较模糊，随研究目的和研究内容的不同，对于海岸带的划分和基本术语概念等也各不相同。广义的海岸带，从全球变化的角度出发，包括径流或漫流直接入海的流域地区、狭义海岸带和大陆架 3 部分，这多用于全球尺度或区域尺度的生物地球化学物质循环等。

中华人民共和国国家标准《海洋学术语——海洋地质学》（GB/T 18190—2000）给出的海岸线定义是：海岸线是海陆分界线，在我国系指多年大潮平均高潮位时海陆分界线。我国海岸带划分多采用海岸线向陆海两侧各扩展一定宽度的方法，即从波浪所能作用到的深度（波浪基面）向陆延至暴风浪所能达到的地带。其上界是风暴潮作用的最高位置，即潮汐作用不及，平时只受含盐分的海风吹拂和有时被含盐分的雾笼罩，当风暴潮来临之时，海水可能溅漫的地带，该区域也叫浪花飞溅区（spray zone）；下界为波浪作用开始扰动海底泥沙处。我国海岸带常划分为潮上带、潮间带和潮下带，其中潮间带又分为高潮带、中潮带和低潮带（图 1–1–1）。

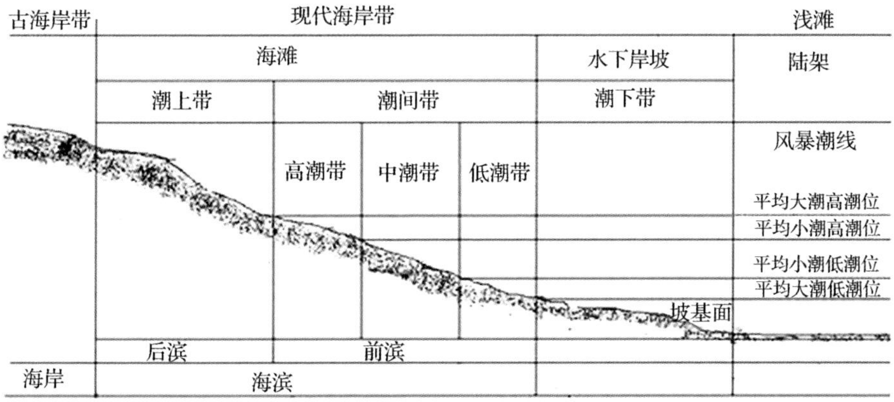

图 1–1–1　我国海岸带划分

西方文献中关于海岸带的划分多采用海岸（coast）和海滨（shore）系统的术语。Johnson（1949）最早提出海岸（coast）和海滨（shore）的定义，并经由 Shepard 和 Milliman（1978）进一步修正，一直沿袭至今。该系统术语中，海岸和海滨是分开的（图 1–1–1）。海岸线（coastline）即海岸和海滨的分界线，标志永久暴露的海岸向海的界线。海滨又分为前滨和后滨，分别与潮间带和潮上带区间相似。海岸是从海滨向陆的宽度不定的地带。

也有许多研究使用确切的数字来标定海岸带范围。例如，海岸带陆海相互作用国际项目 LOICZ（the International Programme on Land-Ocean Interactions in Coastal Zones）定义海岸带为向陆 200 m 高程的陆地区域和向海 200 m 水深的陆架区域（Pernetta & Milliman，1995）。我国在海岸带调查中，统一在滨线向海延伸至 20 m 等深线（大致相当于中等海浪的 1/2 波长处）和向陆延伸至 10 km 的宽阔带状范围。

（二）海岸类型

海岸类型划分在国际上没有统一的标准，我国亦如此。

我国海岸基本类型的划分依据不同研究的需要，产生了多种划分方案。

王颖和朱大奎（1994）根据中国海岸的成因，划分出两个基本的海岸类型：基岩港湾海岸和平原海岸，并将河口海岸和生物海岸（包括珊瑚礁海岸和红树林海岸）单独列出。陈吉余等（1988；1989）根据形状、成因、组成和发育阶段，将海岸带类型主要划分为基岩海岸、沙质海岸、淤泥质海岸、红树林海岸、珊瑚礁海岸和河口海岸六大类型。在前人的基础上，刘锡清（2006）提出以地貌为基础的中国海岸分类表，此方案将海岸带先分为平原海岸、山地丘陵海岸和生物海岸 3 个一级类型；然后再根据地貌、海滩物质、生物等特征，分出 11 个二级类型（表 1–1–1）。

表 1–1–1　中国海岸类型（刘锡清，2006）

<table>
<tr><th>一级类型</th><th colspan="2">二级类型</th><th>实　例</th></tr>
<tr><td rowspan="4">平原海岸</td><td colspan="2">淤泥质平原海岸</td><td>辽河、华北、苏北三大平原海岸</td></tr>
<tr><td colspan="2">沙砾质平原海岸</td><td>台湾岛西岸、辽西 – 冀北海岸</td></tr>
<tr><td colspan="2">三角洲海岸</td><td>黄河、长江、韩江、珠江等三角洲</td></tr>
<tr><td colspan="2">三角湾海岸</td><td>杭州湾</td></tr>
<tr><td rowspan="5">山地丘陵海岸</td><td rowspan="3">岬湾海岸</td><td>海蚀型岬湾海岸</td><td>辽东大连湾、广东大鹏湾、大亚湾</td></tr>
<tr><td>海蚀 – 海积型岬湾海岸</td><td>胶东、广东、海南的大部分海湾海岸</td></tr>
<tr><td>海积型岬湾海岸</td><td>辽南、浙东、闽东的大部分海湾海岸</td></tr>
<tr><td colspan="2">火山海岸</td><td>海南岛西北海岸、广西涠洲岛</td></tr>
<tr><td colspan="2">断层海岸</td><td>台湾岛东部海岸</td></tr>
<tr><td rowspan="2">生物海岸</td><td colspan="2">珊瑚礁海岸</td><td>海南岛和台湾南部部分岸段</td></tr>
<tr><td colspan="2">红树林海岸</td><td>福建、广东、广西、海南、香港和台湾部分岸段</td></tr>
</table>

对比我国海岸类型的各种分类方案不难发现，划分的依据大同小异，基本上是根据形态成因的原则划分，并考虑组成成分和现代动力过程。因此，虽然海岸类型分类方案至今没有统一标准，但是各分类方案观点基本一致，只是名称和应用范围不同而已。例如，基岩海岸可对应山地丘陵海岸，三角洲和三角湾海岸可对应河口海岸，沙质海岸和淤泥质海岸则分别相当于沙砾质平原海岸和淤泥质平原海岸，生物海岸包括珊瑚礁和红树林海岸。

本书采用最常用的分类方法，按照海滩物质组成把我国海岸划分为淤泥质海岸、基岩海岸和沙质海岸三大类。本书涉及的滨海沙地基本分布于沙质海岸，或从广义上说，滨海沙地就是沙质海岸。

1. 淤泥质海岸

淤泥质海岸主要由粉沙（0.004～0.063 mm）和黏土（<0.004 mm）组成，海洋动力以潮流为主，季节性冲淤变化明显。淤泥质海岸的潮滩十分宽缓，常达数千米至十几千米，是该类型海岸的重要地貌单元，具有典型的潮上带、潮间带和潮下带 3 部分（图 1-1-2 和图 1-1-3）。

图 1-1-2 淤泥质海岸（海南儋州）

图 1-1-3 我国淤泥海岸典型植被——盐地碱蓬和互生米草群落（江苏启东）

2. 基岩海岸

基岩海岸是全新世海侵之后，海平面与山地丘陵的岩石直接接触的地段。该类型海岸地势陡峭，潮上带海蚀地貌发育，常有海蚀崖、海蚀穴；潮间带发育海蚀平台，间或有砾石、粗沙质海滩；水下岸坡较陡，深水逼岸，岸滩较窄（图 1–1–4 和图 1–1–5）。

图 1–1–4　基岩海岸（福建福鼎西台山岛）

图 1–1–5　高位珊瑚礁基岩海岸（台湾垦丁）

3. 沙质海岸

沙质海岸海滩物质组成主要是沙粒和少量砾石。海岸营力以波浪为主，季风与风暴潮对海滩地貌改造作用明显，沙质海岸为波场高能环境的产物。

沙质海岸的物质来源主要是河流输沙、海岸侵蚀供沙、滨岸堆积和生物碎屑。首先由波浪运移粗颗粒沉积物到潮间带和潮上带，然后再经风力搬运覆盖于海岸至丘陵斜坡上，形成沙质沉积带（图 1-1-6 和图 1-1-7）。

图 1-1-6　沙质海岸（海南昌江棋子湾）

图 1-1-7　沙质海岸（海南三亚湾）

（三）沙质海岸常用的相关术语

1. 滨

沙质海岸常以滨的概念划分，它在垂直海岸线的纵向划分范围及术语更接近于 Johnson（1949）的提法，即沙质海岸带自海向陆的组成包括滨外、滨面、前滨、后滨、海岸五大部分（图 1–1–8）。

（1）滨外：从内外滨侧延伸到大陆边缘的海滩剖面中相当平坦的部分，或由滨面较陡的外缘到大陆架坡折带为滨外，沉积物的搬运仍受波浪作用，但地形变化不明显，只有极端风暴作用下才发生显著变化。

（2）滨面：从前滨向海伸展到刚刚超出破浪带的海滩剖面部分，又称水下岸坡，位于低潮线向海延伸至波浪能够作用到海底的区域，沉积物受波浪作用显著，在一定周期内堆积或侵蚀地形变化明显，滨面常发育沿岸沙坝系。

（3）前滨：指界于一般高潮线与低潮线之间的地带，是高潮时波浪上冲流所达到的界限和低潮时回冲流所达到的下限之间的斜坡。

（4）后滨：位于一般高潮线到风暴潮海水能够覆盖的地带，其范围从平均大潮高潮线向陆延伸至自然地理特征改变的地方（如海蚀崖、海岸沙丘等），一般只有在风暴潮期间才被海水淹没。

（5）海岸：是水陆交界处经波浪、潮汐、河流等作用下形成的滨水地带。

其中，前滨与下文滩面的意义相近，不过前滨往往还包含滩面以下较平坦的一段剖面部分。

2. 滩

沙质海岸最典型的特征是沙滩，又可划分为滩肩、滩面和滨面，其中滩面又包括滩脊、滩坎等（图 1–1–8）。

（1）滩肩：指平均海平面以上在海滩上部近于水平的部分，由海滩沉积物在高潮线附近堆积而成的近乎水平的沙体，属于后滨范围。海滩上可以发育有一个以上的滩肩，也可以没有滩肩。

（2）滩脊：又叫滩肩外缘，是滩肩的向海界线，滩肩上常常可见滩坎。

（3）滩坎：指波浪在海滩剖面上侵蚀留下的近于垂直的小陡崖，高度通常小于 1 m。

（4）滩面：指平均大潮高潮线以下，经常受到波浪冲溅作用的海滩剖面倾斜段，是沙滩位于高低潮线之间的斜坡，斜坡底部常常堆积较粗的沉积物。

（5）水下岸坡：指从滩面转折处向海伸展的一个缓的坡面，一直到达有效波浪作用的深度。

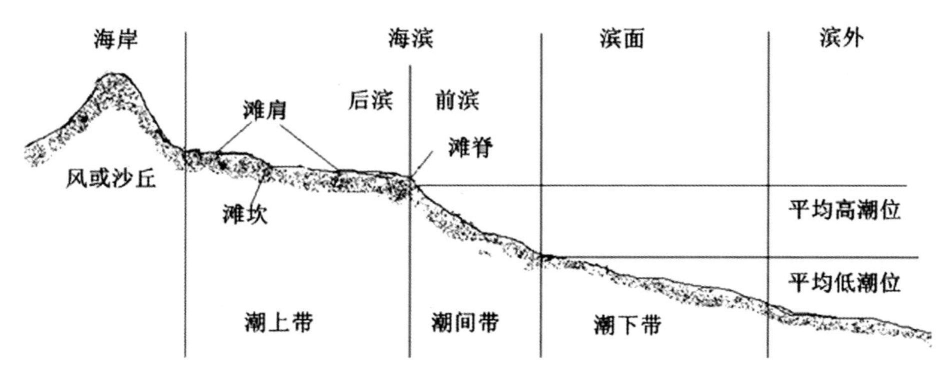

图 1–1–8 一般沙质海岸剖面（陈吉余，1996）

3. 沙质海岸地貌

沙质海岸是由沙粒沉积物在波浪和风力作用下堆积而成的，不同的海岸地形和海岸动力能量，造就了风格迥异的沙质地貌类型。

从形成原因看，沙质海岸地貌类型可分为两大类——海滩地貌和风沙地貌，即分别由海浪和风力作用形成。

从形成过程看，一般由沙质沉积物沿岸横向运动，形成的堆积地貌有海滩、滩脊、滩肩、滩坎、滩面、水下堆积阶地、沿岸沙坝、水下沙坝、浅滩等；由沙质沉积物沿岸纵向运动，形成的堆积地貌有海滩、沙咀、湾坝、连岛沙坝、潟湖、海岸沙丘等。其中，海岸沉积沙丘是在风力作用下，沉积物纵向向陆沉积而成，其形成过程和沙丘类型是国内外沙丘研究的重点内容。海岸沙丘地貌以下有详细介绍。

（1）海滩地貌：在特大高潮线和最小低潮线之间（包括前滨和后滨），有波浪和水流的作用，为有效波浪作用的区域，沙质海岸泥沙的运动所引起的海滩的冲淤演变所形成的地貌。

在沙质海岸上，沿岸沙坝与滩肩是海滩地貌的重要特征构造，其剖面结构如图 1–1–9 所示，分别称为沙坝型海滩和肩滩型海滩（Hayes & Boothroyd，1969）。Johnson（1949）分别给这两种海滩取名为正常海滩和风暴海滩。正常海滩是潮汐涌浪淤积的，而且有较陡的前滨坡度和近海阶梯代替沙坝；风暴海滩则是暴风浪作用的结果，以较缓的前滨坡度和近海沿岸沙坝为特征。

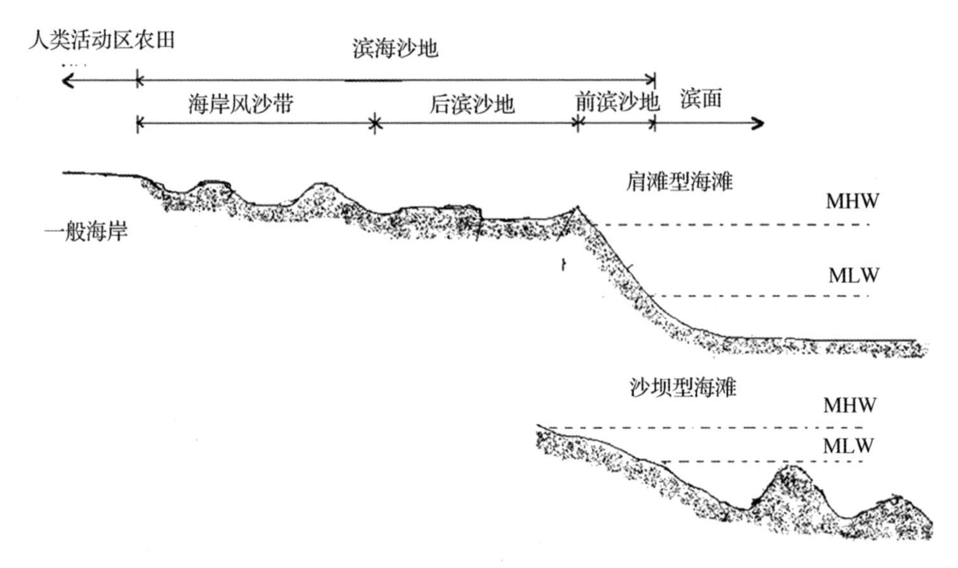

图 1–1–9　我国滨海沙地范围及海滩剖面划分（陈吉余，1996）
（MHW: 平均高潮线，MLW：平均低潮线）

沿岸沙坝一般隐于水下，低潮时有可能露出。需要指出的是，沿岸沙坝的形成与迁移有别于潮滩上由波浪和水流作用所形成的海滩沙坝（陈吉余，1996）。滩肩的高程常常就是波浪上涌水流达到的高程。

（2）风沙地貌：沙质海岸的风沙地貌是发生于特大高潮线以上（后滨线以上），完全由风力作用，在陆地上所形成的海岸风沙地貌。

因地形地貌和形成机制的不同，国内外关于海岸风沙地貌的分类方法较多。我国学者董玉祥（2006）依据我国各种海岸风沙地貌在位置、成因、稳定性与形态特征等方面的差异，建立了一个体系较为简单的分类系统。首先，按沙丘发育的地貌位置分为岸前沙丘和岸后沙丘两类；其次，主要根据海岸沙丘形成次序和植被在海岸沙丘形成、发育与演变过程中的作用，分为初始海岸沙丘、稳定型沙丘和非稳定型沙丘 3 个亚类；最后，依据海岸沙丘的形态 – 成因特征，共划分出 13 个三级类型，具体见表 1–1–2。

表 1-1-2　中国海岸风沙地貌分类系统（董玉祥，2006）

位　置	形成次序与稳定性	形态类型
岸前沙丘	初始海岸沙丘	雏形前丘
		新月形前丘
		横向前丘脊
岸后沙丘	稳定型沙丘	草灌丛沙丘
		抛物线沙丘
		斜向沙脊
	非稳定型沙丘	新月形沙丘
		横向沙脊
		纵向沙垄
		爬坡沙丘
		海岸沙席
		风蚀残丘
		风蚀洼槽

4. 基岩海岸的沙质海滩

基岩海岸中，山地临海，岸线曲折，岬湾交错，常具有两种地貌景观。

一种是基岩岬角海岸，多见于突伸入海的半岛和开阔海域中的基岩岛屿岸段。此类海岸直接遭受波浪强烈冲蚀和沿海流的冲刷作用，海岸切割剧烈，岸前几乎无海滩沉积发育，海蚀强烈，有海蚀崖、海蚀平台、海蚀洞、海蚀柱、海蚀拱桥、海蚀沟槽等海蚀地貌发育，宏伟壮观。

另一种主要散布于海湾内的岬角和岛屿基岩岸段，基岩岸坡较缓，一般海蚀崖多趋于衰亡或半衰亡状态，崖面不新鲜，岸前较少有成片的岩滩，但有较宽的沙滩发育，多分布在海湾顶部，在腹地狭小的海湾发育成狭窄的沙砾滩。

二、滨海沙地的范畴与范围

一般人们提到的滨海沙地多指海岸沙丘带或海岸风沙带，俗称沙荒地，指特大高潮线以上完全由风力作用形成的沙质海岸风沙地貌，有时还会包括后滨的沙质海滩部分。前滨则由于其周期性潮汐的水域环境特点，而不被列入滨海沙地的范畴。从植被修复与保护角度而言，由于遭受不定期的风暴潮作用，植被常遭受毁灭性的破坏，因此不建议在后滨进行绿化（图 1-1-10～图 1-1-13）。另外，从海岸的土壤分类（现行的五级分类制）看，风沙带土壤属于风沙土类，后滨土壤分类至今不详，前滨土壤则被统一归为滨海盐土类。可见，滨海沙地范围较难统一，本书则选择从沙地的形成机制和过程分析，对滨海沙地范围进行规范。

图 1-1-10　后滨区域植被因风暴潮影响而死亡（福建惠安崇武）

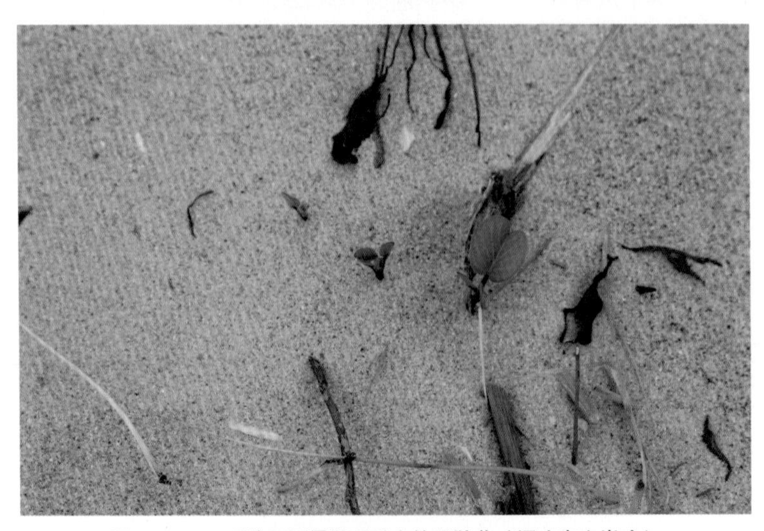

图 1-1-11　后滨区风暴潮后重生的马鞍藤（福建惠安崇武）

图 1-1-12　马鞍藤因不定期风暴潮而部分枯死（海南文昌）

图 1-1-13　生长于后滨区域的马鞍藤群落（海南万宁大洲岛）

（一）滨海沙地及其土壤的形成过程

滨海沙地的形成过程也即沙地土壤的形成过程：首先，运移物（包括河流远距离运移物、近距离山丘地表径流运移物及近岸海域碎屑物）在潮汐、波浪的作用和分选下，以滩面或沿岸沙坝的形态，堆积于平直的迎风海岸或岬角海湾岸线外的水下；接着，这些沙粒物又逐渐地随波浪向岸线推移，在前滨和后滨处形成包括滩肩、沙堤等类型的海滩；最后，在向岸风的作用下，海滩的沙粒继续向岸运移，最终在后滨线以外的海岸区形成了风沙带的风沙地貌。

与此同时，不同阶段的沙质土壤在生物的作用下，随着时间的推移，也最终逐渐发育形成成熟的滨海风沙土。滨海风沙土形成的初期，主要是沙堤和沙丘的不断加高和扩展，呈现流动状态，有时称为流动沙丘；随着沙生植物的生长繁殖，植被覆盖度逐步加大，沙面变紧，地表形成结皮（沙壳）；表层土壤有机质染色，剖面逐渐风化，成为半固定的沙土，或称半固定沙丘（图 1–1–14 和图 1–1–15）；随着地带性植物的渗入或人工造林，地表结皮愈来愈厚，土体也变得愈来愈紧实，进而固结形成弱团块状结构，逐渐发育为固定沙土。

滨海沙地及滨海风沙土的形成发育模式如图 1–1–16 所示。

图 1–1–14　植被覆盖下表层土壤有机质积累——土壤剖面（西沙赵述岛）

图 1-1-15　植被周围的枯枝落叶（西沙七连屿）

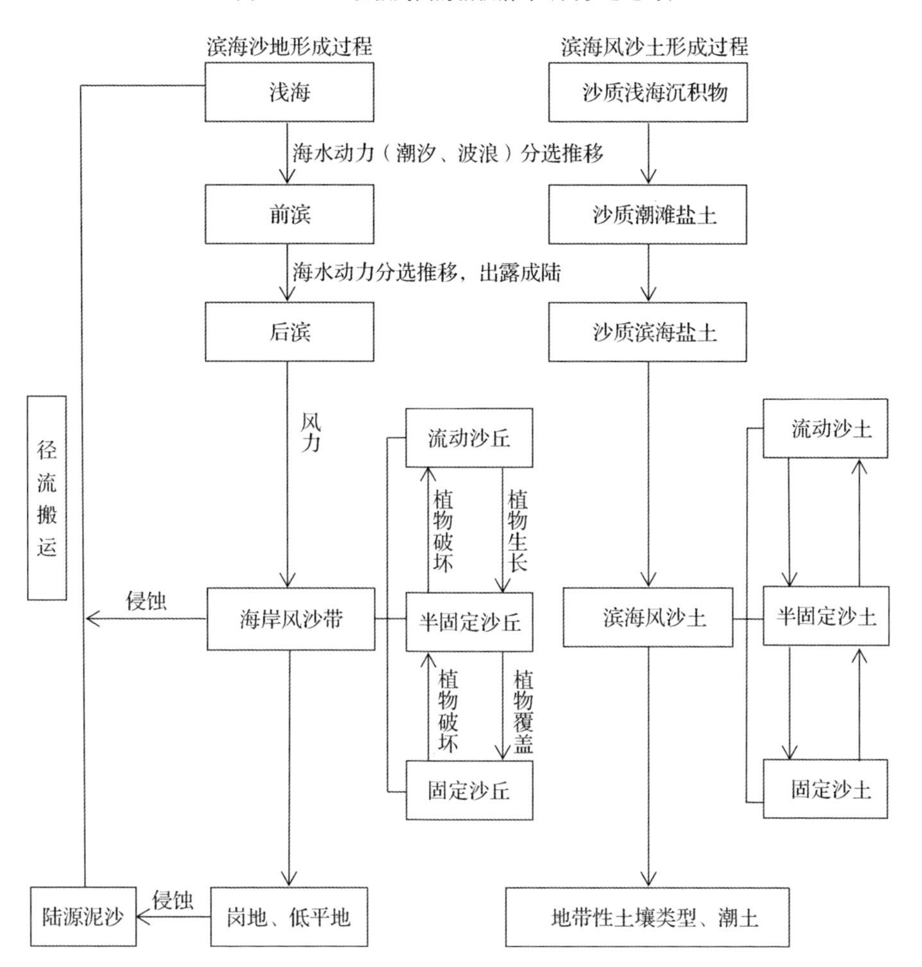

图 1-1-16　滨海沙地及滨海风沙土的形成发育模式（吴正，2003）

（二）滨海沙地的范围及剖面结构划分

在沙地形成过程中，海岸风沙带、后滨和前滨 3 部分关系密切，递进式土壤演变与淤蚀作用相互依存。同时，后滨区还是滨海沙生植物演替的重点区域，也是本书的讨论重点。为了更系统地研究滨海沙地，本书将海岸风沙带、后滨沙地及前滨沙地 3 部分均归为滨海沙地范畴（图 1–1–9）。

（1）滨海沙地的向陆界线：沙质海岸是滨海沙地系统地理意义上的有机载体，无机环境最明显的特性就是土壤沙质性，因此从土壤层面非常明确地界定了滨海沙地的向陆界线，其向陆界线为海岸带沙质海岸熟化土壤耕作层的出现，即农业可耕作区和沙质土壤相接连的边缘线。

（2）滨海沙地的向海界线：向海的前滨线，也即最低低潮线，标志永久淹水的海岸向陆的界线。

其中，前滨沙地是受到潮水周期性淹没的区域，其特点是周期性的水域环境，土壤含盐量高。后滨沙地是高潮线以上至风暴潮所能作用的区域，该区域大部分时间暴露在海水面以上，仅在特大风暴潮时才被海水淹没。海岸风沙带在形成与发育过程中与近海海域有着千丝万缕的联系。

滨海沙地有时会被陡崖、海蚀崖、基岩丘陵、台地等代替，即海滩与基岩陡岸直接相接；有时又会包含如潟湖、沙咀、湾坝、连岛沙坝等特殊的沙地地貌，这些特殊沙地形态各异，或封闭或隔离，除潟湖外，位置多深入海域，一般植被发育的可能性较小。

三、滨海沙地的南北差异

在我国漫长的海岸线上，海岸类型分布具有明显的南北差异。首先，南北地域地质构造、岩石组成、海岸动力等不同。其次，我国海岸带南北地跨 42 个纬度，受辐射、大气环流以及寒潮和台风的影响，其气候条件也具有明显的南北差异；在不同的气候和水动力条件下，作用于海岸不同的岩性物质（如坚硬的石英岩抵抗侵蚀能力强，海岸形态变化速率缓慢；而抗蚀性弱的砂岩、页岩等在相同的动力条件下，海岸形状的变化则很快），对于塑造海岸地貌和海岸动态变化方面将产生巨大的差别。

（一）海岸地貌的南北差异

中国海岸轮廓和海岸地貌深受地质构造影响，大地地质构造决定和影响了我国现代海岸格局和海岸地貌（陈吉余，1996; 王颖和季小梅，2011）。特别是中生代以来的新华夏构造系（中新生代太平洋的俯冲，东亚大陆形成一系列 NNE 或 NE 向隆起带和沉降带及与之伴生的 X 形断裂，即所谓“新华夏构造系”，对老构造有继承也有新生），不仅决定了我国海岸轮廓和第四纪沉积物的展布特征，而且也是我国海岸变迁的重要原因之一。

从宏观上看，我国海岸大体上以杭州湾为界分为南北不同的两大部分。杭州湾以北的海岸线穿过相同的 3 个隆起带和 3 个沉降带，由于隆起带和沉降带的块断差异运动，在海岸类型上表现为山地与平原海岸交错分布的显著差异性。杭州湾以南，即由浙东至桂南的东南沿海，丘陵台地峰峦起伏，低山点缀。杭州湾以南的海岸基本上处于同一个隆起带，在同一构造带的整体抬升作用下，致使东南沿海的海岸地形具有相对一致性的特点。

从海岸带看，构造隆起带比构造沉降带海岸线长。但是，构造沉降带入海河流流域面积要比构造隆起带入海河流流域面积大得多。这一特征导致陆地输入海岸带的水沙通量严重不均。构造隆起带的入海河流流域面积为 324 万平方千米，相当于全国总面积的 33.8%。注入沉降带海岸带的年净流量相当于整个入海年径流量的 58.5%，入海年输沙量相当于整个入海年输沙量的 89.8%（李从先和张桂甲，1996），这也是造成我国海岸类型南北差异的重要原因（刘锡清，2006）。

总体上，杭州湾以北的海岸表现为上升的山地丘陵海岸与下降的平原海岸交错分布，形成下辽河、华北、苏北 3 段平原海岸和辽东半岛、辽西—冀北、山东半岛 3 段山地丘陵海岸；杭州湾以南海岸，基本上以隆起的山地丘陵海岸为主，但在一些河口出现小型断陷盆地，发育成平原海岸，如温州平原、潮汕平原、珠江三角洲平原。此外，断裂交切组成的 X 形深大断裂构造，对我国海岸的分布形势也有重要影响。特别是山地丘陵海岸的总体走向多与 NNE 大断裂一致，而局部海湾、岬角的分布，又常受棋盘格式构造的制约，从而使中国山地丘陵海岸轮廓线具有总体上的平直性和局部上的曲折性特点。

（二）滨海沙地分布的南北差异

1. 南方更易形成滨海沙地

滨海沙地（海岸风沙带）在世界上的分布具有地带性，大型滨海沙地沙丘体系多发育在中纬度的强浪能海岸。在赤道湿润地区，由于化学风化强烈、植物生长茂盛，因而缺少沙源，海岸沙丘不能发育。在我国，从北方的温带半湿润区一直到南方的热带湿润区，除了江苏省以外的沿海各省区（包括台湾西海岸），差不多都有滨海沙地的分布。但南方的地质和气候条件可以提供丰富的沙源和强劲、恒定的向岸风，十分有利于形成滨海沙地。例如，南方沿海地处热带季风区，冬季受蒙古冷高压和寒潮的侵袭，夏季又受西太平洋和南海台风的影响，风力强劲。吴正等（1995）研究表明：南方沿海各地各月，特别是冬季各月都可出现有超过沙子起动风速的起沙风。各地的起沙风，无论从风向频率还是最大风速看，都以东北风为主，且对大多数岸段来说，都属于向岸风。东北风盛行于秋、冬季，时间可长达6个月（10月至次年3月）。具有一定强度和延续时间的东北向岸风，是南方沿海风沙活动和海岸沙丘形成的强大动力。南方沿海冬季不仅风力强劲，而且又逢干季，这种风季与干季同步性的时空耦合，十分有利于南方海岸风沙活动和沙丘的发育。

2. 滨海沙地面积南北差异大

滨海沙地的南北分布面积悬殊。我国有关滨海沙地分布面积的统计结果差异较大，但总体数据显示，滨海沙地面积以南方为主，约占3/4，北方相对较少，约占1/4。

面积数据统计如下所述。

（1）《中国海岸带和海滨资源综合调查专业报告集——中国海岸带土壤》（1996）（以下简称《土壤报告》）数据显示：根据沿海10个省、市、自治区的调查，除天津、上海两市外，其余8个省、自治区的沿海，均有滨海风沙土（滨海沙地）的分布。总面积为26.32万公顷，其中分布面积最大的是广东省，为18.81万公顷；其次是福建、广西，面积分别为39 527公顷和18 267公顷；再其次是辽宁、河北和山东，面积分别为7 340公顷，5 447公顷和4 400公顷；面积最小的是浙江和江苏，只有133公顷和20公顷。

（2）有数据显示：全国海岸风沙地貌（滨海沙地）面积约为 30 万公顷，其中黄海和渤海海岸风沙地貌（滨海沙地）的分布总面积为 7 万公顷（傅命佐和徐孝诗，1997），福建 3.95 万公顷，广东 8.53 万公顷，广西 1.83 万公顷，海南 9.47 万公顷（吴正等，1995）。

（3）《广东土壤》（1988）数据显示：广东省滨海沙土的分布面积为 12.91 万公顷。可见，主要分歧点是广东省的滨海沙地面积，3 处资料分别为 18.81 万公顷、8.53 万公顷和 12.91 万公顷。可能在不同的调查统计中，是否把后滨沙地包括在内存在差异，但有关广东省的数据差异仍然比较大，尚待进一步调查与证实。

从以上数据可知，我国滨海沙地面积分布存在较大的南北差异，其中，南方滨海沙地的面积可以占到全国滨海沙地面积的 3/4 左右。

滨海沙地的分布，除了受到沙质海岸的限制外，主要取决于是否有丰富的沙源和强劲的海岸风。

（三）气候的南北差异

我国海岸带区域以杭州湾为界，向南为海洋性气候，向北则为海洋性过渡气候。太阳辐射是大气运动的总能源，但是必须经过下垫面的辐射和热量平衡过程才能形成气候现象（高国栋等，1996）。南方海岸曲折，地形复杂，增加了南方沿海气候的多样性。

我国海岸带温度和降雨量分布差异较大，年平均气温和年平均降雨量分别自辽宁山海关的 5.1 ℃和 400 mm，至海南三亚的 25.5 ℃和 2 383 mm。春季北方气温上升较南方快，而冬季南北温度梯度急剧加大。杭州湾以北岸段最冷月平均最低气温多在 0 ℃以下。杭州湾以南海岸带，基本没有冻土（冬季当地表温度下降至 0 ℃，土壤表层开始出现冻结）。杭州湾以北温度渐低，低温持续时间相应延长，遂有土壤冻结现象，并随纬度升高，冻土深度逐渐加深（中国海岸带和海涂资源综合调查专业报告集 · 中国海岸带气候，1991）。

不同温湿度不仅直接影响到岩性物质的风化与侵蚀，而且影响到河流输沙的成分与性质。降雨也是海岸或陆地侵蚀的重要因素，尤其是大雨或暴雨，河流携带大量泥沙进入海岸带，对海岸水动力和地貌演变产生重要影响。

（四）海洋动力的南北差异

1. 波　浪

波浪是塑造海岸最重要的动力，可以直接侵蚀基岩，掀动和携带泥沙发生海滩的侵蚀和堆积。我国沿海海域波浪主要是风浪，其次是太平洋传入的涌浪。尤其是夏天受偏南季风的影响，东南海域受台风干扰，波浪均大于北方。例如，浙江南部的南麂到广东云澳一带大浪较多，5 级以上的大浪频率为 9%，波高多在 5.9～8.5 m；两广沿岸 5 级以上的大浪频率为 4%，最大波高为 9.8 m；北部湾北部沿岸 5 级以上的大浪频率为 15%，最大波高为 4.6 m。

2. 热带气旋

南方沿海夏、秋季多热带气旋，热带气旋包括热带低压、热带风暴、强热带风暴、台风等。据 1951—1980 年的统计，每年平均在我国登陆的热带气旋有 9.6 个，并且入侵方向多集中在杭州湾以南海岸带区域。人们在东海已经记录到热带气旋大波浪高为 17.8 m（周期为 13 s）的狂涛，在南海也已记录到波高为 14 m 的狂涛（李克让和沙万英，1996；冯志强等，1994）。

热带气旋是破坏力很强的灾害性天气系统，暂且不讨论其对沿海人民生存和生活的影响，其对沙质海岸结构的改造就不可忽视。热带气旋的危害主要来源于其带来的大风、暴雨和风暴潮。

（1）大风：热带气旋中心附近最大风力一般为 8 级以上，大风足以摧毁陆地上的建筑，更可以在短时间内改变沙质海岸的海滩结构。

（2）暴雨：热带气旋经过的地区，一般能产生 150～300 mm 的降雨，少数热带气旋能产生 1 000 mm 以上的特大暴雨。台风暴雨对沙质海岸的影响是改变沙的来源和冲刷作用，但有时也能起到消除沙地干旱的有益作用。

（3）风暴潮：当台风移向陆地时，由于台风的强风和低气压的作用，使海水向海岸方向强力堆积，潮位猛涨，水浪排山倒海般地向海岸压去。强台风的风暴潮能使沿海水位上升 5～6 m。对沙质海岸最大的影响是风暴潮造成海岸侵蚀和海水倒灌造成的土地盐渍化等灾害。

热带气旋带来的大风、暴雨和风暴潮，对沙质海岸的侵蚀和沉积作用巨大，可以在短时间内改变其海滩结构和滨海沙地植被的生存环境。

第二节　滨海沙地植被

中国海岸带植被可划分为12种植被型，如沼泽植被、盐生植被、红树林等。滨海沙地植被属于海岸带特有的植被类型，包括乔木、灌木和草本，主要生长在滨海沙地沙滩、各类沙丘、丘间低地、平缓沙席等，也能生长于积沙丘陵、台地，甚至山崖基岩上。滨海沙地植物对于维护海岸生物多样性和生态系统的完整性，实现海岸带的水文、生态、景观和社会经济功能等都具有十分重要的意义。

滨海沙地植被是一个以沙地为载体的群落概念，指生长在滨海沙地范围内的所有植被的总称。除了典型的沙生植物外，还有少数为盐生植物和沼泽植被，前者多生长于沙地前缘，具有专性或兼性耐盐能力，后者多生长在丘间低地的积水处。也有学者将生长于广西北海市大冠沙沙滩上的白骨壤群落（红树林群落）作为沙生或沙地植物来研究（范航清，1996）。

赵哈林等（2012）对沙生植物的定义：指那些能够正常生长于风沙土上，具有较强耐风沙形态特征、解剖结构和生理生态学特点，能够耐受风蚀、沙埋、风沙流危害和地表高温灼伤危害的一类植物。

一、滨海沙地植物特点

（一）生境异质性和种类多样化

从全球海岸看，滨海沙地系统从低纬度至高纬度均有分布，气候从寒带到热带变化明显。从滨海沙地区域整体看，整个沙丘带存在沙丘高地和丘间低地，生境也有浸渍、湿润、半干旱至干旱的变化，并有不同类型的斜坡。从纵向看，滨海沙地区域从潮间带，到海岸前丘带，到沙丘带，再到大面积的海岸沙席，环境要素从高湿高盐到低湿低盐，最后到干燥少盐和脱盐地带，沙粒由粗变细，沙丘也由流动到半固定直至固定（图1–2–1～图1–2–6）。沙地这种生境的异质性特点，促使沙地植被类型种类多样化。

图 1-2-1　沙埋——单叶蔓荆（福建厦门）

图 1-2-2　沙埋——马鞍藤（福建漳浦前亭）

图 1-2-3　沙埋——海马齿（海南东方墩头）

图 1-2-4　沙埋——铺地黍（福建平潭）

图 1-2-5　斜坡——露兜树、马鞍藤及草海桐（海南文昌月亮湾）

图 1-2-6　干旱——马鞍藤（海南东方黑脸琵鹭自然保护区）

（二）隐域性与地带性植被共存

我国海岸带植被的分布和发育主要取决于水热条件和土壤性质，地带性分布明显，由北向南依次为暖温带落叶阔叶林、亚热带常绿阔叶林和热带季雨林。但是滨海沙地的水热条件和土壤性质地域差异相对较小，目前，许多专家一致认为滨海沙地植被属于隐域植被的范畴，其植被群落结构与特征受气候带影响非常小，主要由滨海沙地的土壤和滨海气候决定（王伯荪，1987；徐德成，1992）。由于海岸带土壤质地、水分、盐分和有机质含量等因素差异不大，因此不同地域之间的海岸沙地植被具有很强的相似性，而且越是临近海岸的植物群落相似性越明显。

尽管如此，在不同的自然带内，沙生植物的种类组成中往往含有不同的区域成分，因此，仍不可避免地带有地带性的烙印，并常有地带性类型的存在。浙江海岛滨海沙地植物中的温带类型种类较厦门和海南两地的多，而同时热带种类相对减少的情况，也可窥豹一斑，见表 1–2–1。

（三）种类分布不均衡

相对于其他陆地生态系统，滨海沙地中植物种类的分布极度不均衡，具体表现在以下 5 方面：

（1）整体种类相对丰富，局部分布相对贫乏。

（2）群落组成和区域组成不平衡，优势种类数量少但优势性突出。

（3）科、属组成不平衡，具有多寡种属和单种属。

（4）生活型比例随着生境异质性而存在较大差异。

（5）地理成分复杂。沙地植被植物区系与世界各地植物区系联系十分广泛。调查数据显示，在种子植物属级水平上，有 15 个分布区类型，泛热带分布居首位，其他各区多有分布，见表 1–2–1。

表 1–2–1　我国部分滨海沙地植被分布区类型统计　（%）

分布区类型	浙江海岛	厦门观音山	海　南
泛热带	36.0	40.7	13.4
北温带	25.3	3.5	0.8
旧世界温带分布	8.0	2.7	0.0
东亚分布	7.3	3.5	5.9
中国海南特有分布	0.0	0.0	11.5

续表

分布区类型	浙江海岛	厦门观音山	海　南
世界分布	0.0	9.7	0.0
古热带分布	6.7	8.0	8.4
热带亚洲分布	4.0	7.1	35.5
热带亚洲至大洋洲分布	3.3	5.3	15.9
热带亚洲、热带美洲间断分布	2.0	14.2	0.3
热带亚洲、热带非洲分布	2.0	3.5	6.6
东亚、北美间断分布	4.0	1.8	0.2
温带亚洲	0.7	0.0	1.0
地中海、西亚至中亚分布	0.7	0.0	0.5
中亚分布	0.0	0.0	0.2
数据来源	陈征海和张晓华，1995	黄雅琴等，2013	单家林和余琳，2008

（四）形态、生理生态特征和生活史的特殊性

形态、生理生态特征和生活史的特殊性是由滨海沙地环境的恶劣性决定的。海岸沙地环境具有干旱、贫瘠、盐分高、高温、沙埋等特点，给沙生植物的生长、发育和繁殖带来了很大困难。为了适应这种极端环境，沙生植物在形态、生理和生活史方面产生了一系列特化，形态与生理方面如发达的机械组织、叶片小而肉质化、叶片革质、表面多绒毛、花色艳丽等特点，生活史方面如生殖物候、黏液繁殖体、植冠种子库、持久性土壤种子库、种子萌发调节、种子多态性、营养繁殖等。例如，针对沙地环境，植被的适应性演变有如下几方面。

1. 对干旱的适应性

沙地植物一般种子萌发快，根系生长迅速而发达。流沙上植物发芽后，主根具有迅速延伸达到稳定湿沙层的能力；有的具有庞大的根系网络，可以最大限度地吸收沙中的水和养分；有的叶片具有旱生结构，如叶退化，则具较厚角质层、表皮毛，气孔下陷，栅栏组织发达，蓄水组织发达，细胞持水力强等特点（图 1-2-7～图 1-2-13）；有的植物还具有挥发油等化学成分。

图 1-2-7　叶针刺状（沟叶结缕草）

图 1-2-8　叶退化（仙人掌）

图 1-2-9　越干旱，茎上刺越多（鹊肾树）

图 1-2-10　干旱时仅幼叶嫩绿，待湿润时整株恢复生长（绢毛飘拂草）

图 1-2-11　叶背有密白绒毛（绢毛飘拂草）

图 1-2-12　叶片表面密被绒毛（海边月见草）

图 1–2–13　叶肉质化（短剑）

2. 对风蚀和沙埋的适应性

很多沙丘植物具有速生特点，根茎均迅速生长，抵抗风蚀和沙埋，分枝多，茎匍匐，易发芽生根等，甚至有些植物不定根愈埋愈旺（图 1–2–14～图 1–2–17）。

图 1–2–14　发达的根系（珊瑚菜）

图 1-2-15　匍匐根状茎（老鼠艻）

图 1-2-16　不定根（马鞍藤）

图 1-2-17　不定根（卤地菊）

3. 对盐分的适应性

除采取角质层加厚、气孔下陷、叶片针刺状等以降低蒸腾外，沙生植物还可以通过积累无机或有机渗透调节物质以增加从盐渍土壤中吸收水分的能力。从外观上看，中华补血草、沟叶结缕草、海滨藜等典型的滨海植物叶片具有盐腺，可将体内多余的盐分主动排出体外（图 1-2-18）。番杏叶片表面具有盐泡，为累积盐分的场所。仙人掌、绿玉树、海马齿、南方碱蓬、盐角草、沙生马齿苋等通过茎或叶片肉质化方式在降雨时积累足够的水分，以缓解干旱时期的盐胁迫（图 1-2-19 和图 1-2-20）。

图 1-2-18　叶片泌盐（沟叶结缕草）

图 1-2-19　泌盐（中华补血草）

图 1-2-20　茎肉质化（盐角草）

（五）特有种比例高

滨海沙生植物长期适应恶劣的环境，使其与其他物种的竞争能力大大下降。大部分滨海沙生植物“狭阈生态特征明显”，它们的自然分布范围仅限于滨海沙地。我们对我国南方滨海沙地的调查结果表明，在三大海岸类型中，沙质海岸特有种比例最高，高达60%，也就是说大部分滨海沙生植物仅见于滨海沙地。

研究表明，滨海沙地具有独特的植物区系，尤其包含一些特有稀有种和濒危种。在英国11个滨海沙地植被调查中，有680个物种属于国家级珍稀濒危物种（Everard et al., 2010）。不完全统计结果表明，中国南方海岸沙地116种植物中，稀有濒危种有36种，比例高达31%（图1–2–21和图1–2–22）。

图1–2–21　针叶苋
（海南乐东莺歌海）

图1–2–22　珊瑚菜
（福建漳浦火山口）

（六）植物群相特殊

滨海沙地植被群落常以条带状和镶嵌状分布，层次结构简单，外形低矮、整齐，梯度明显。从前滨沙地，到后滨沙地，再到沙丘带，地势通常逐渐升高，风力逐渐减缓；沙粒由粗到细，由流动到半固定直至固定；盐分渐渐降低而有机质含量逐渐升高，生态条件所呈现的一系列变化，导致滨海沙地植被分布也出现相应变化，并表现出明显的条带性。由沙地向海岸群落盖度逐渐稀疏，高度逐渐降低，从而形成明显梯度。

由于滨海沙地环境变化剧烈，大部分滨海沙地植物利用短暂的降雨季节不得不在尽量短的时间内完成生活史，生命周期短，因而具有季相变化明显、季节波动性大等特点。

生境的严酷性导致乔木层–灌木层–草本层结构出现的机会较少，而干旱的土壤生境导致苔藓地衣层不发育，因而沙丘海岸经常会有草本层、灌木层–草本层、乔木层–草本层（灌木层）等不同的植物群落配置方式。受人类活动的影响，有些地区可能偶尔出现灌木层–草本层与乔木层–草本层的分布格局。

（七）脆弱、不易恢复

由于大部分沙生植物严重依赖滨海沙地，但生境的恶劣性和种源的特有性、贫乏性，使这些地区的植被系统极易受到干扰破坏，而且一旦破坏就难以恢复。目前我国大陆人工岸线比例高达 61%，大约 30% 的沙质海岸被开发为城市、旅游用地和工农业用地。在高强度的海岸带开发压力下，滨海沙生植物成为我国最受威胁的植物类群。例如，珊瑚菜、瓜耳木等典型滨海沙生植物濒临绝迹，已列入国家保护的濒危植物。厦门环岛路曾经天然分布的珊瑚菜、露兜树、草海桐、过江藤、海马齿、卤地菊、假厚藤等均已经消失。

（八）演替困难

影响滨海沙地植被演替的主要因素是沙土质地和水分状况，因此属外因演替，即外因动态演替（刘昉勋等，1986）。

滨海沙地植被绝大多数为草本和灌丛。这些草本和灌丛大多矮小稀疏，无力抵抗滨海沙滩的恶劣环境，尤其是沙滩前缘的流动沙丘，沙粒松散，常遭平常风和周期性台风的侵袭，因而植株多为低矮稀疏种类。这些植被常常来不及稳定生长，就有不少植株为流沙所埋没，待重新长出沙面，需要若干时日。因此，流动沙丘上的植物自然演替，便始终停留在发生阶段。只有在大面积沙滩的内缘，由于生境条件相对较稳定，演替才能得以进行。但要从草本、灌木自然演替至乔木，须经历漫长的时间，若有数十年一遇的特大风沙侵袭，则植被又会重新回到原始发生阶段。同时海岸带人类活动频繁，植被生长演替常常受到干扰，如此反复的恶性循环容易造成生态环境恶化。

二、滨海沙地植被关注度

荷兰是世界上最早开展滨海沙地植物多样性保护的国家。早在 1952 年，该国就启动了丘间低地植物多样性保护工程。欧洲国家对滨海植被的关注远早于对内陆沙漠植被的关注，且首次提出滨海植被保护的基础依据，就是滨海沙地沙丘系统被破坏，导致的沙地特有或稀有植物的消亡以及植物丰富度的降低（Grootjans et al.，2002; Bekker et al.，1999；刘志民和马君玲，2008）。

海岸沙地生态系统服务价值巨大。近年来，随着研究的不断深入，其对临近生态系统和人类栖息地的重要意义，以及在海岸防护和旅游方面的贡献开始得到广泛的认可。欧盟已经有比较完善的法律来保护海岸，并且一些国家有专门的法律来保护滨海沙地。近年来，有关沙地植物丰富度降低和特有（稀有）植物消失的问题，在国际上受到很大的关注，沙地植物多样性保护已经被列入国际生物多样性保护计划（Grootjans et al.，1998）。很多国家和地区都开展了专门的研究，包括加拿大、美国、新西兰、西班牙、英国、比利时、意大利、法国、德国、波兰、南非、土耳其、以色列、科威特等国的科学家们，相继开展了关于沙地植物多样性的研究（刘志民和马君玲，2008）。中国沙地植物多样性保护的研究近几年也逐步增多。

三、我国对滨海沙生植物的保护和修复重视不够

中国沙质海岸线分布着非常丰富的沙地植被，但由于自身的脆弱性及难恢复性，加上人类生产生活（图 1-2-23 和图 1-2-24）、沙滩旅游、养殖业的发展，大量海岸沙丘被平整、固定或清除，海滩和防护林之间被养殖网具及简陋建筑物占据，导致沙地植被受到严重破坏而退化，尤其是滨海

沙地被平整成农田或栽植防护林后，导致物种单一，生物多样性锐减。沙滩的频繁干扰改变了滨海沙地生态系统土壤水分和养分的空间分布格局，导致其种子存活率降低，表面植被盖度下降，物种丰富度和多样性减少。

图 1-2-23　人工采沙（海南乐东莺歌海）

图 1-2-24　污水直接排放于沙地（海南乐东莺歌海）

截至2013年年底，我国共建立各级自然保护区2 697个（国家级407个），占国土面积的14.8%，已经超过12.7%的世界平均水平。全国已经建立以红树林为主要保护对象的自然保护区20多个，85%以上的天然红树林被纳入自然保护区范围；但目前国内还没有以沙生植物为主要保护对象的自然保护区。早在20世纪90年代，有人就提出在山东烟台、威海、蓬莱、日照等地，结合旅游业，划定若干沙生植物保护区。针对江苏滨海沙生植物资源急剧下降的情况，南京大学的李扬帆等于2001年提出建立连云港海州湾沙质海岸及沙生植物自然保护区。但是，至今仍没有有关滨海沙地保护区建设和相关保护的条例。

全世界有2 400多个植物园，美国340个，德国61个，日本110个，俄罗斯115个，中国200多个。我国现阶段植物园建设呈现东部多、西部少，综合多、特色少（特别是海岸海岛型植物园稀少）的特征。迄今为止，我国还没有真正意义上的滨海沙生植物园。

除此之外，我国在滨海沙地沙地植被修复方面，也存在诸多技术难题，尤其是缺乏相关科学理论和技术指导。具体到实践中有：①实践中不知道什么植物可以利用；②即使知道什么植物可利用，市场上也没有苗木出售；③育苗、种植、养护的技术缺乏等问题。

技术的缺乏和沙地植被的严重破坏，导致我国滨海沙地植被修复远远跟不上实际需求，不仅野生植物资源衰退严重，而且人工恢复成效不明显，远远落后于美国、澳大利亚等发达国家。例如，美国已经建立了较为完整的沙地植被修复技术体系，包括沙生植物资源的收集整理、适应性评价、种植及管理技术等；澳大利亚非常重视沙地植被的保护和恢复，由于原生植被保护较好，模拟原生植被成为澳大利亚沙地植被修复的主要策略，也是最经济、最符合生态的策略。

第三节　滨海沙生植物资源及植被修复的意义

滨海沙生植物资源保护与沙地植被修复，对于恢复海岸天然屏障、保护珍贵稀有植物、维持生物多样性等具有重大意义。

一、保护和利用滨海沙生植物资源

滨海沙地具有独特的植物区系，其中包含一些稀有和濒危植物。

中国高等植物受威胁物种已达 4 000～5 000 种，占总数的 15%～20%，高于世界 10%～15% 的水平。目前我国南方滨海沙地植物受威胁比例高于中国和世界平均水平。同时我国在沙生植物保护和利用、植被修复、沙生植物园建设等方面存在诸多技术难题。滨海沙地植被保护的首要任务就是开展植被资源调查，通过调查摸清植物类群和分布情况，阐明各种植物类型的数量、质量和受威胁程度，编制植被图谱，建立完善的沙地植被修复技术体系等，保护和利用好我国南方滨海沙生植物。

二、修复沙质海岸，抵御海洋灾害

健康的滨海沙地生态系统，是海岸线一道极好的防护屏障，它们在抵御风暴潮、防风固沙、保护农田、涵养水源、减少水土流失、改善沿海地区的自然面貌和生态环境等方面具有重大作用。印度洋和日本海啸后对滨海沙地生态系统评估均表明，前缘有人工沙丘保护的区域，能有效减弱风暴潮和海啸的能量（Claudino-Sales et al., 2008）；同样对斯里兰卡 Yala 镇的调查也表明，一些宾馆为了扩大海景房视角，清除其前缘的海岸沙丘，印度洋海啸后整个宾馆被完全摧毁，与相邻保护较好的沙丘后缘相比，海啸引起的水位更高，破坏更大（Liu et al., 2005）。

虽然滨海沙地植被种类贫乏，分布分散，但因其生境质地的特殊性，并多分布于人口密集、经济发达的沿海地区，当沙地植被消失后使得极端气候事件对海岸地区的破坏呈放大效应。滨海沙地是重要的风暴潮缓冲区，可以为近岸城区提供安全保障，而沙地植被的存在能够极大增强这种缓冲功能（Silva et al. 2016）。当滨海沙地上缺林少草时，风沙容易肆虐，风助沙势，沙助风威，沙害将十分严重（图 1–3–1）。有数据记载，我国沿海被沙埋没的村庄农田无数，如福建东山县新中国成立前的近百年，被风沙埋掉 13 个村庄和 2 万亩[①]农田（林惠来，1982）；海南东北部文昌沿海，史载新中国成立前 200 多年间，埋没 13 个自然村，3 062 亩耕地。我国滨海沙地破坏严重，每年由风暴潮所导致的直接经济损失平均高达 119 亿元，死亡 66 人以上（杜建会等，2015）。另据粗略估计，至 21 世纪中期，我国海岸灾害所导致的沿海地区经济损失可能达到 1 000 亿元以上（施雅风，1994）。

图 1–3–1　人工清理扬沙（广东汕尾遮浪岛）

在一些滨海沙地风沙肆虐的同时，沙质海岸侵蚀已成为世界性灾害。1972 年，国际地理联合会（International Geographical Union，IGU）成立了海岸环境委员会的侵蚀动态工作组，搜集世界各国海岸侵蚀资料，其中大多数为沙质海岸。世界海岸 20% 为沙质海岸，其中 70% 蚀退，10% 淤进，20% 稳定。

我国海岸侵蚀的情况较严重。据不完全统计，我国因海岸侵蚀而损失的土地超过 2 000 km^2（陈雪英和吴桑云，1998）。数据显示我国海岸侵蚀范围目前仍正在扩大，侵蚀强度和年侵蚀量也在不断增加（图 1–3–2 和图 1–3–3）。

① 1 亩 ≈ 666.7 m^2。

图 1-3-2　沙质海岸侵蚀（海南东方四必湾）

图 1-3-3　沙质海岸侵蚀（海南海口东寨港）

滨海沙地生态修复的第一步，就是开展沙地植被修复。研究表明，滨海沙地的植被覆盖可以极大影响海岸风沙的活动，并可协助发育完善稳固的沙丘系统，保障沙地生态系统的正常健康运行。同时，滨海沙地生态系统本身也具有很强的自我更新能力。此外，植被对沙地小生境的改善作用也不容忽视。植被对风沙活动的影响与盖度密切相关，盖度较低时，可增大地表粗糙度、改变气流运动方式、黏附沙粒等；较高时，可相应减少沙面的暴露度甚至在相当范围隔离风沙流与沙面的作用，密集植被还可将风速廓线抬升一定的高度（吴正，2003）。风沙流中 90% 以上的沙物质分布在 0～20 cm 高度内（陈方和贺辉扬，1997；董玉祥等，2008），因此，密集的植被使众多物质无法穿越，同时，松软的植被层可消散沙粒的下落能量并减少对周围沙粒的撞击作用。如 Rosen 等（1990）和 Hesp 等（2007）认为，稀疏的先锋植被对风沙流的扰动是发育雏形前丘的重要条件；Arens（1997）认为，生长在沙丘脚部的植被，小风条件下可截获跃移至此的颗粒，大风条件下可减少跃移颗粒向沙丘顶部的输送量。

三、保护海岸生物多样性

海岸沙地面积虽小，分布零散，但栖息地类型多样，生物多样性异常丰富，特别是一些仅在海岸沙地生长的特有种。单家林和余琳（2008）对海南岛滨海沙地种子植物调查发现，海南岛滨海沙地有种子植物 103 科 383 属 714 种。黄雅琴等（2013）对厦门观音山沙地植物的调查显示，共有 135 种，隶属 113 属，42 科。粗略估计，我国浙江杭州湾以南的大陆岸线及海岛滨海沙地沙生植物种类有 200 种左右，而生长于滨海沙地的植物约有 1 200 种。

滨海沙地同时又具有开放性和脆弱性。任何人类活动干扰都可能造成生物栖息地的丧失，从而引起区域生物多样性的减小。因此，维系沙地植被和沙地系统的完整性，是维持滨海沙地生物多样性的重要保障。

滨海沙地植物多样性保护的目标，在不同区域呈现很大的地域差别。在欧洲，人们致力于维护和保持沙丘和丘间低地的平衡，更侧重于保护流动沙丘区的特有植物区系，保护目标很多为沙地先锋植物，其中很多是特有或稀有植物。而在大部分国家的滨海半干旱、干旱地区，人们更多地强调固定流动沙丘，以便恢复植被景观，增加沙丘上的植物丰富度。此外，虽然滨海沙地不同生境栖息地生物多样性差异并不显著，但是在一些生物多样性低的区域，稀有种和濒危种出现频率相对较高（图 1-3-4～图 1-3-7）。因此，在滨海沙地保护过程中不能只重视生物多样性的热点区域，必须在全面调查的基础上进行重点保护。

图 1-3-4　栖息于滨海沙地的鸟类（西沙群岛）

图 1-3-5　滨海沙地草丛中的鸟窝（福建龙海白塘湾）

图 1-3-6　滨海沙地的海龟巢（西沙群岛）

图 1-3-7　滨海沙地特有的国家二级保护植物——珊瑚菜

四、美化海岸带，发展滨海旅游

沙质海岸因其秀美的风光成为人类休闲娱乐的聚集地，是滨海旅游的主场地。世界范围内的很多沙质海岸都是有名的滨海旅游点。

目前，滨海旅游作为国际旅游的第一大产业，收入已经占其总收入的 2/3 以上。20 世纪 80 年代，以西班牙为首的地中海大国就提出了“3S”（Sun，Sand and Sea）工程，开创海洋旅游新纪元。数据显示，美国滨海游客的数量比国内所有公园游客加起来都要多，且 90% 以上的消费都集中在滨海地区。中国滨海旅游产业近些年来发展迅速，2003—2012 年间，滨海旅游业收入占中国海洋产业的比例总体呈现持续上升趋势（图 1-3-8）。

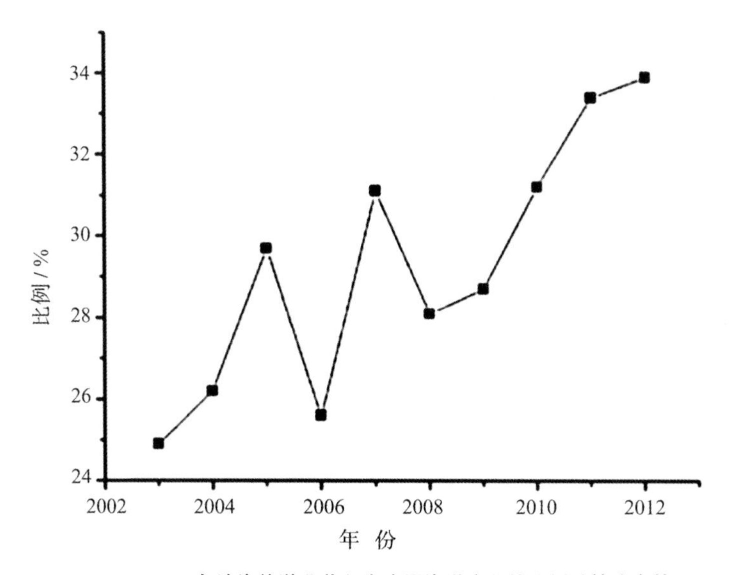

图 1-3-8　2003—2012 年滨海旅游业收入占中国海洋产业的比例（杜建会等，2015）

沙滩是吸引大部分人滨海旅游的重要理由。宽阔平缓的海滩，洁净细白的沙质，点缀或成片的沙生植物，是进行森林空气浴、沙滩日光浴和海水浴的理想地方，同时可以观赏万顷碧浪和连绵起伏的沙丘景观（图 1-3-9 和图 1-3-10）。但是目前很多滨海沙地，由于植被被破坏导致风蚀沙地，加剧海岸沙丘的侵蚀崩塌，进而导致沙滩萎缩，甚至旅游场所完全丧失，严重的还会危及沙滩后面的沙丘带及沿岸建筑。风沙危害破坏陆地环境，造成巨大的经济损失。

图 1-3-9 滨海沙地是重要的旅游资源（台湾垦丁白沙湾）

图 1-3-10 滨海沙地是重要的旅游资源（海南三亚亚龙湾）

研究还表明，适当的人类活动对沙地生态系统功能演变具有正驱动效果。Faggi 和 Dadon（2011）通过对旅游开发利用的海岸沙丘植物进行研究后认为，经过科学规划和设计的海岸休闲旅游活动增加了物种的多样性，海岸沙丘植被的地带性分布受人类活动的影响显著。高伟等（2010）在对福建省东山岛的沙质海岸进行研究时发现，不同干扰强度对群落中的物种组成、地位影响较大。

五、研究意义

滨海沙地的特殊位置，生境多样性和异质性，植物种类的特殊性和稀有性，使滨海沙地植被和生态系统研究具有很重要的科研价值。

早期有学者认为，沙丘系统是沙丘和丘间低地的镶嵌体，具有不同的植物群落，是研究植被过程的自然实验室。因此，沙地植被多样性研究与生态学理论的发展和检验密切相关。例如，沙丘环境促进了植物种群分异。Knight（2004）等对克隆植物吕宋天胡荽（*Hydrocotyle bonariensis*）的种群研究表明，小尺度的局部适应很有可能出现在空间异质环境中基因流很小的克隆植物中。芦苇（*Phragmites communis*）既可生长在沼泽中，又可生长在沙丘上。相对于沼泽芦苇，沙丘芦苇叶细胞内的维管束鞘细胞更多，叶绿体的形状更圆，渗透调节能力更强。

生态学家以丘间低地为研究对象，验证或发展了植物群落形成和物种分布理论。Skyes 和 Wilson（1990）等以丘间低地作为研究对象，研究了植物丰富度、功能群比例、生物恒定性和优势度的关系，发现 Gleason（1926）的植物群丛个体论概念对解释丘间低地植物群落的形成意义重大。物种均匀度与空间尺度的关系受制于植物种多度分布的一般趋势以及植物对环境微异质性的响应。此外，丘间低地是沙地景观中的微型自然破碎系统，彼此相隔离，是岛屿生物地理学理论研究植被过程的极佳典范。生境破碎化可能导致植物丰富度的增加或降低，可能会因破坏了原有生境使某些植物濒危或灭绝，也可能因创造了新生境使某些植物繁生。而沙丘生态系统是典型的破碎化景观，应该通过研究植物多样性形成机制回答这一理论问题。

有关沙地植物多样性保护的研究最早开始于滨海地区，而对内陆沙区的研究反而相对滞后。早期的研究主要针对丘间低地，而现在针对沙丘的研究趋于增加。

随着人们对滨海沙地关注度的提高，其研究也将更具系统性和科学性。总之，滨海沙地植物和沙地生态系统研究具有重要的理论和实践意义。

第二章　我国南方滨海沙地

我国大陆海岸线约18 000 km，加上沿海岛屿岸线14 000 km，我国海岸线总长度约32 000 km。依据海岸物质组成划分的3类海岸中，沙质海岸海滩约4 000 km，占我国大陆海岸线总长度的22.1%（陈吉余等，2010）。

第一节 沙地现状

一、分布现状

我国滨海沙地主要分布在山地丘陵海岸的开敞海湾和平直的浅弧形海岸岸段，如辽东半岛、辽西和冀东、山东半岛以及福建、广东、广西、台湾西部、海南等地区。根据现有的文献资料显示，各个调查结果中，我国各省沙质海岸线的长度差别较大，有待于进一步核实。本书主要采集各省的海岸调查数据，并明确标明各数据来源。据统计，南方沙质海岸岸线长度占南方滨海总岸线长度的1/3以上（吴宋仁，2000）。除了浙江省沙质海岸很少以外，福建、两广和海南各省均有规模分布。南方各省沙质海岸线长度见表2–1–1。

表2–1–1 南方各省沙质海岸线长度 （km）

省份	大陆海岸线	大陆沙质海岸线	岛屿海岸线	岛屿沙质海岸线	沙质海岸线总长	文献出处
浙江	1 840	51	4 792	124	175	陈吉余等，2010
福建	3 051	—	1 779	—	988	潘国轩和林敦穹，1986 刘建辉和蔡峰，2009
广东	3 368	1 279	—	—	—	广东省海岸带和海涂资源综合调查领导小组办公室，1988
广西	1 083	205	460	—	—	广西壮族自治区海岸带和海涂资源综合调查领导小组，1986
海南	—	—	1 618	1 128	1 128	全国海岸带办公室，1991
台湾			1 371	121	121	胡亚斌，2016

浙江省海岸线长达1 840 km，沿海大于或等于500 m^2的岛屿3 061个，

累计岸线长度 4 792.7 km。沙质海岸在浙江省不发育，大陆沙质岸线长度 51.96 km，岛屿沙质岸线 124.04 km，仅占浙江岸线 4% 以下，主要见于基岩岬角之间的小海湾，包括砾石滩和沙滩，沙滩宽度一般 150～300 m，宽于砾石滩，坡度在 20°～50°（陈吉余等，2010）。

福建大陆海岸线长达 3 051 km，直线距离仅 535 km，曲折率（1∶5.7）居全国首位。整个海岸呈现出岬角与海湾相间，大小港湾 125 个，岛屿 1 202 个，岛屿岸线长达 1 779.3 km。海岸类型齐全，以基岩港湾海岸为主，沙质海岸和淤泥质海岸多交错分布于基岩海岸之中。沙质海岸多分布于较开敞的海湾内，规模较大的沙质岸段主要分布在闽江口以南。这些沙质海岸，岸线较为平直，其中大部分岸段都发育有沙堤、沙咀、沙坝等海积地貌。一般在腹地较大的开敞海湾的沙质海岸，都有沙堤沿海岸呈新月形展布，长数百米至数千米，宽几米至数十米不等，高度 5～8 m。岸前海滩发育，构成风成沙丘海岸景观（潘国轩和林敦宁，1986）。

广东省海岸线全长 3 368 km，以沙质海岸最长，共 1 279 km，占全省海岸长度的 38%（广东省海岸带和海涂资源综合调查领导小组办公室，1988），其中，广东沙质海岸主要分布在粤西和粤东，粤西、粤东和粤中的沙质海岸长度分别为 791 km，421 km 和 67 km，分别占本岸段的 45.8%，37.6% 和 12.8%。各种质地的海岸线连续分布长度最长数十千米，短则数千米。

广西大陆岸线全长 1 083 km，岛屿 651 个，岛屿岸线 460.8 km。由于通过不同比例的地形图量计和作图，加上海岸带调查依据的分类方案不同，对于各调查结果的统计计算结果显示：如果按照 3 类基本海岸类型（淤泥质、沙质和基岩海岸）划分，量计得出的广西壮族自治区 3 类海岸长度结果不同。通过简单转换，最终采取与 1986 年的海岸带资料大体一致。即广西海岸线全长 1 083.04 km，其中淤泥质海岸 532.41 km，沙质海岸 205.70 km，基岩海岸 72.45 km，分别占大陆海岸线的 49.16%，18.99% 和 6.69%（广西壮族自治区海岸带和海涂资源调查领导小组，1986；陈吉余等，2010）。

海南省由 181 个海岛组成。其中海南岛本岛海岸线长 1 618 km（全国海岸带办公室，1991）。其余 180 个岛屿面积较小，仅占海南岛面积的 0.07%，不在本书讨论范围内。海岸类型按照物质组成划分，其中沙质海岸线最长，约有 1 128 km；其次是基岩海岸，长度为 349 km，淤泥质海岸最短，为 141 km（陈吉余等，2010）。分别占海南大陆总岸线的 69.7%，21.6% 和 8.7%。

台湾省由 88 个海岛组成。台湾岛海岸线总长度约为 1 370.84 km，其中自然岸线总长度为 1 003.97 km，约占全岛海岸线总长度的 73.24%。在自然岸线中基岩海岸最长为 545 km，其次是淤泥质海岸 277.9 km，沙质海岸最短，为 121.19 km，分别占台湾岛总岸线的 54.28%，27.68%，12.07%（胡亚斌，2016）。

二、分布特点

滨海沙地与内陆沙漠不同，其分布不局限于干旱、半干旱地区，不具有明显的地带性，不受气候条件的限制。我国南方沿海具有干季与风季在时间上的同步性特点，又有丰富的沙源供应，非常有利于滨海沙地的发育。其分布特点如下：

（1）范围广，规模小，零散。我国南方沿海地区海岸港湾岬角相间，地貌复杂，海岸线曲折。广东、广西和海南的岸线曲折度约大于 4（中国科学院南海海洋研究所海岸地质研究室，1978），福建的岸线高达 5.7，居全国之首（福建海岸带和海涂资源综合调查领导小组办公室，1990）。这就造成我国南方滨海沙地分布特点以分布范围广、面积小，且分布零散为特点。受海岸岬湾相间地形的影响，滨海沙地呈带状断续零散分布，分布面积只有数百至数千公顷，极少超过 1 万公顷，规模较小（吴正等，1995）。

（2）滨海沙地披覆的地形多样。滨海沙地披覆在各类地形之上，是我国南方滨海沙地分布的重要特征。海岸风沙地貌是一种披覆在其他地形上的地貌类型，其下伏地形多种多样。滨海沙地披覆的下伏地貌不仅包括平原海岸，还可以覆盖于丘陵、台地、山地等基岩海岸之上，形成爬坡沙地；或者吹填于潟湖、沼泽或海岸红树林区等，形成复杂海岸地貌。

滨海沙地在基岩丘陵上主要以沙坡和爬坡沙丘的形式存在。

三、侵蚀现状

海岸淤积，岸线向海推进；海岸侵蚀，岸线向陆蚀退。海岸进与退本来是海岸过程中常见的自然现象，若它的淤长和蚀退失去平衡，破坏了生态系统，威胁到人们生命财产，就构成了灾害。

海岸侵蚀指在海洋动力作用下，导致海岸线向陆迁移或潮间带滩涂和潮下带底床下蚀的海岸变化过程。滨海沙地是碎屑沉积物组成的沙质海岸类型，面临着世界性的侵蚀灾害。我国70%的沙质海岸处于蚀退状态岸线蚀退（夏东兴等，1993）。

（一）南方各省滨海沙地侵蚀现状

大量数据显示，我国南方沙质海岸近几十年来持续侵蚀后退。例如，福建省沙质海岸调查数据显示，其一般的后退速度为1～2 m/a；少数岸段，特别是平原型沙质海岸和三角洲型沙质海岸，侵蚀强烈，如福建湄洲湾、安海湾等平原型沙质海岸，海南南渡江等主要三角洲沙质海岸，后退达4～6 m/a。

调查资料显示：浙江省的侵蚀岸段主要是淤泥质海岸，沙质海岸侵蚀情况不太严重。福建沿岸在长期的地质作用以及风、浪、潮的作用下，其海洋侵蚀地貌最为发育。同时，福建沿海是台风灾害影响较多的地区之一，大多数的沙质海岸呈现强烈侵蚀。广东省粤东沙质海岸大多为岬湾沙质海岸和三角洲前缘沙质海岸，岬湾海岸的侵蚀和淤积的分布较复杂，淤积因素使侵蚀总量较少，因而大部分岬湾海岸沙质岸段侵蚀速率小于1～3 m/a。粤东沙质海岸以微弱侵蚀后退为主；而粤西沙质海岸普遍侵蚀，且个别岸段侵蚀后退明显，侵蚀速率大，已持续20多年。广西壮族自治区海岸侵蚀数据缺乏，依据有关文献资料现已确定了侵蚀状态的7段沙质海岸（陈吉余等，2010）。与其他省份相比，广西海岸侵蚀总体上较弱。海南省3类海岸中，沙质海岸侵蚀最显著。海南岛约有70%的海岸受到侵蚀，其中原堆积性的沙质海岸中约有844 km的岸段现在正遭受侵蚀，其余沙质岸段属于稳定和堆积岸段。若按照海岸年侵蚀速率1 m/a计算，海南岛面积每年约缩小1.6 km^2以上，海南岛海岸侵蚀的防御形势严峻（黄少敏和罗章仁，2003）。沙质海岸侵蚀主要表现为海滩沙粗化、滩肩迅速变窄、滩坡变陡、基岩裸露比例增多、老海岸沙丘逐渐消亡、新沙丘的消亡与不再形成、沙坝消失、海岸沙堤冲毁等，而且有的区域人造海岸（硬海岸）加长，取代了原先的沙质海岸（图2-1-1～图2-1-6）。

图 2-1-1　海岸侵蚀（海南东方墩头）

图 2-1-2　海岸侵蚀（海南东方四必湾）

图 2-1-3　海岸侵蚀（海南乐东莺歌海）

图 2-1-4　海岸侵蚀（广东珠海桂山岛）

图 2-1-5　海岸侵蚀（福建龙海隆教火山口）

图 2-1-6　海岸侵蚀（广西北海大冠沙）

（二）侵蚀原因与防护

滨海沙地的变化与海岸带共进退。距今 7 000～6 000 年的最大海侵以来，海岸大致以淤积为主，堆积成沿海大片平原。在人为干涉海岸能力较微弱的时代，海岸自然发展。19 世纪以后，人类干预海岸的能力越来越强，以数万个大、中、小型水库拦蓄了河流入海泥沙，修筑各种海岸大坝，改变了泥沙运移的方向和数量。同时，海滩人工采沙活动日益频繁。人为干扰破坏了数千年来海岸动力泥沙运动与海岸地貌间的动态平衡，导致海岸侵蚀和港口淤积灾害。

我国沙地侵蚀的强度、性质和原因各有差异。两广、福建海岸均属东南沿海缓慢上升区，海岬海湾相间分布，受波浪折射的影响，海岬受侵蚀，海湾沙质海滩长期处于淤长状态，称为袋状海滩。但是近半个世纪以来，许多海湾显示来沙不足，原进积的海滩不进积了，还有些较长的平直沙岸段表现出明显的侵蚀后退，如福建惠安崇武、福建厦门岛环岛路、福建龙海隆教、广东汕尾遮浪岛、海南乐东莺歌海、海南东方四必湾等。福建厦门岛环岛路 50 年前在海滩后滨修建的碉堡均一个个掉入海中，侵蚀率达 1.5～2.5 m/a（高智勇等，2001）。

人为因素是导致滨海沙地侵蚀后退的主要原因，如河流供沙减少、海岸带采沙、不合理的海岸工程等。另外，海平面上升、海岸带生态系统的破坏、风暴潮增强等也加剧了海岸侵蚀作用。具体到不同沙质岸段，其侵蚀往往受到几种因素的共同作用，侵蚀特点各不相同。沙质海岸本身因为松散而易受风、浪、水的侵蚀，如果再加上来沙不足，则必然导致强烈侵蚀。

海岸与海滩是个不可分割的统一体，两者唇齿相依，人们在长期的河岸防护实践中已经逐步认识到“护岸必须护滩”这一客观事实。因此，要解决海岸的稳定问题，首先必须顺应该海岸环境特点，促使沿岸泥沙处于动态平衡的迁移状态，即沿岸各段的净输沙率保持基本一致，使岸滩达到冲淤动态平衡，但在实际护岸工作中很难保障这个动态平衡。

早期多采用岸外潜坝和大量补沙相结合的海滩养护，有的建造丁坝、潜坝、离岸堤以及它们相互组合形式。这些方法的一个共同点就是使造成海岸侵蚀的动力因素在远离海岸之前就消能。

自福建厦门环岛路观音山海滩补沙获得成功后，近年来，以人工补沙为主要手段的海滩养护在我国南北各地纷纷开展，已经建成、在建和计划建设的人工补沙项目超过100个。有些地方甚至为了旅游的需要，计划在原先没有沙滩分布的地方人工强行堆沙。人工补沙不是简单地把沙子堆积于海岸，需要事先由专业机构对所在区域的地形、水文、潮汐、波浪、风、沙子来源和去向等详细评估后才有实施的可能。成功的例子很多，但失败的情况也不少。有些地方需要不断地人工补沙才能保持沙滩的稳定，从而使其背上了沉重的经济负担。

此外，对于海岸侵蚀的防护措施还有营造海岸防护林带的生物学方法护岸，防止风沙和雨水对海岸的破坏。该方法在部分海岸取得一定成效，使海岸处于相对稳定或缓慢侵蚀状态。总之，海岸侵蚀在相当长的时期内不可避免，也不可能任何海岸侵蚀都可以实施人工治理，盲目治理未必合理，而应摸清规律，从本治理。

第二节　沙地环境特点

地质基础方面决定了滨海沙地的总体格局，而气候、土壤以及波浪和风沙活动等因素的叠加则决定了其植被生存的环境特点。

一、气　候

对于一般植物而言，我国南方滨海沙地生境恶劣，但南方气候条件总体较北方优越，一般降雨都在1 000 mm以上，年日照时数多在2 000～2 300 h，累积温度多在6 500～8 000 ℃，这对于大部分植物生长是有利的。

（一）气　温

南方沿海具有气温高、夏长冬暖、雨热同季的特点。

年平均气温在20 ℃以上，是全国年平均气温最高的区域。雷州半岛和海南岛年平均温度大于23 ℃，海南岛南部可达25 ℃。

冬季1月是全年最冷月，月平均气温多在5 ℃以上，海南岛南部1月平均气温20.8 ℃。除浙江和福建北部个别地区外，基本无霜冻。

夏季7月，气温为全年最高，南部温差很小，杭州湾以南海岸带地面实际平均气温约28 ℃。

（二）降雨与蒸发

南方滨海雨量充沛，但时空分布不均，年际变化大，暴雨多，强度大。多数地区年降雨量为1 000～2 000 mm，是我国雨量最丰沛的区域，其中不少地方年降雨量超过2 300 mm，尤其是在台风影响下，降雨丰沛。

降雨的季节分配，大部分地方70%～80%的降雨量集中在下半年5—10月份，显示季风气候的特点。例如海南岛5—10月的降雨量占全年的80%～90%，干湿季特别明显。

暴雨是常见的降雨形式，广东沿海暴雨多次超过800 mm，成为仅次于台湾的强暴雨区。降雨年变化率最大的岸段包括福建南部、广东大陆岸段和沿海岛屿及海南岛大部分地区，一般为15%～24%，海南岛西部年变化率高达30%。

虽然该区域年降雨量在1 000 mm以上，但是南方沿海处于热带范围，年均温度也很高，加上风力强，因而蒸发力很高，尤其是滨海沙地保水力差的地方，年平均蒸发量大于降雨量，气候较干燥。

（三）风

南方滨海海风主要表现为季风特征，冬季盛行东北风，夏季盛行偏南风，春秋为过渡季节。

冬季，南方滨海位于高压的南缘，盛行东北风，但又因为南方滨海地形多样，导致各地风向又有所差异。浙江省盛行西北风；福建岸段最多风向为东北风；广东岸段因莲花山、云开大山等对偏北气流起阻挡作用，出现明显的绕流特征，导致各地的盛行风向发生相应改变，粤东为东－东北风，珠江口为偏北风，粤西东部为东北风，中部为偏北风，雷川半岛为偏东风；海南岸段，基本上盛行东北偏北风。

对于滨海沙地植物而言，冬季盛行的东北季风是主要威胁，尤其是福建平潭至东山一带，由于台湾海峡的“狭管效应”，来自海上的东北季风携带大量盐分，对植物的伤害尤其严重，秋冬季的干旱更是加剧了这种伤害。

1. 风　速

南方滨海沙地近海及海岛大多数测站年平均风速在4～6 m/s之间，陆地一侧平均风速为2～3 m/s。海陆两种截然不同的下垫面，导致了风速的急剧变化。风速等值线与海岸线基本平行，风速从沿海岸向内陆迅速减小，海陆间相距不到几十千米，风速可以相差几米每秒。同样，由于各区域地形的不同，风速在各区域间也有差异，其中，福建闽南沿海由于台湾海峡的“狭管效应”，海岛和半岛地区，年平均风速 6～8 m/s，中部海域可达 9 m/s，平均风速居全国海岸之最。

南方滨海沙地月平均风速最大值多出现在秋末和冬季，月平均风速最小值出现在夏季。夏季虽然平均风速较小，但由于台风活动，各地年最大风速和极大风速一般都出现在这段时间里。

2. 大风和“抽干效应”

大风是海岸带重要灾害性天气之一。南下的冷空气和台风是导致南方滨海沙地出现大风的重要天气因素。此外，西南季风也能形成大风。

人们把日最大风速≥ 8 级（17 m/s）作为大风日。南方滨海岛屿大风日数月最多出现在冬春季或秋冬季。以福建闽南沿海的大风日最多，因受台湾海峡影响，除厦门外，各地大风日数都在 90 天以上，东山和崇武分别达到 122 天和 103 天（宋朝景等，2007；叶功富等，2008）。

除此之外，夏季多发的热带风暴和台风对海岸沙地植物造成了严重威胁。据统计，1900—2005 年间登陆福建的台风数量为（1.66 ± 1.27）个，台风影响期间，最大平均风速达 60 m /s，最大阵风达 70 m /s（郑颖青等，2006）。

风对植物的蒸腾作用有极显著的影响。风速为 0.2 ～ 0.3 m/s 时，能使蒸腾作用加强 3 倍（温国胜等，2003）。风速越大，蒸腾作用越强，植物失水就越多。正常情况下，植物可以通过关闭气孔减少蒸腾来避免水分失衡。但是，这种自我调节能力是有限的。在滨海沙地，除直接导致植物倒伏、折枝、落叶等伤害外，强风晃动树木茎干不仅破坏了茎干的输导组织，而且使得根系受损，影响了水分和营养吸收与输送。强风卷起的细沙对幼树的树皮、树枝和枝干击打而造成严重的机械损伤，使树木韧皮部受伤，影响水分和营养物质的上下传送。此外，强风导致植物枝叶相互撞击、摩擦，形成很多伤口。在台风过后的高温干旱环境下，这些伤口不仅难以愈合，而且植物体内的水分通过这些伤口大量流失。以上多种因素破坏了植物的水分平衡，导致枝条局部缺水形成枯梢或整株死亡。树冠越大，植株越高，受害越严重。新种植的苗木因根系发育不全也容易受害。我们称其为大风对植物的“抽干效应”。除了东北季风盛行的秋冬季外，夏秋季节的台风或强热带风暴期间海岸植物也容易发生“抽干效应”（图 2-2-1～ 图 2-2-3）。

图 2-2-1　2014 年超强台风“威马逊”导致海南文昌的木麻黄被“抽干”致死

图 2-2-2　台风“达维”过后被“抽干”的木麻黄防护林（海南文昌三更峙岛）

图 2-2-3　黄槿的上部枝条被“抽干”（台湾垦丁）

3. 盐　雾

沿海地区由于受大风和海浪的动力作用，形成无数含有盐离子的水滴（也称盐雾），在风和重力的作用下，随着远离海岸而逐渐沉降于树木和农作物的茎秆和枝叶上，造成生理脱水，严重时枯萎渍死，造成减产，这一现象在海岸地区被称为海煞（王述礼等，1995；陈顺伟等，2001)。盐雾对林木生长有不良影响，盐分进入叶部组织，造成脱水及组织坏死现象（图 2-2-4 和图 2-2-5）。一般情况下，幼嫩的芽和叶片首先受害。耐盐雾性的强弱依次为成熟叶组织 > 嫩叶组织 > 芽组织（陈伟顺等，2001；林鸣和王文卿，2006)。在台湾西北部地区，防护林每年都要受到季节性灼伤，主要症状为叶尖或叶缘枯萎，叶黄化变形等，当东北季风停止后林木又恢复原状 (Sun, 1992)。在强风和盐雾的双重影响下，沿海地区迎风面的植物常出现旗形树冠。海煞发生具有以下规律：风浪越大，越靠近海，植物越高大，海煞越严重。海岸迎风面山坡往往是海煞的重灾区，如福建平潭岛的龙凤头和将军山、福建漳浦和东山、海南文昌的月亮湾、广西涠洲岛、台湾的澎湖等地。

图 2-2-4　木麻黄防护林受盐雾危害（福建龙海火山口）

图 2-2-5　离遮挡物距离不同导致植物受盐雾危害症状差异大（福建晋江玷头林场）

二、土　壤

（一）土壤类型

在以往的海岸带研究中，对于我国海岸带土壤类型的研究较少，尤其是对于海滩和风沙土的认识并不十分清楚，因此这类土壤在以往的分类系统中，未能取得应有的地位，也很少被论及。在《土壤报告》中，初步确定了它们在分类系统中的位置，因为研究并不深入，所以仅被做了暂时性的安排。

本书依据《土壤报告》中的土壤类型划分，我国滨海沙地和后滨沙地属于风沙土类中的滨海风沙土亚类，前滨沙地属于滨海盐土类中的潮间带滩地土壤亚类。

1. 滨海风沙土

滨海风沙土是由风力搬运堆积形成的沙土，这些风沙土一般都以沙堤或沙丘的形式呈带状分布于海岸线的内侧。组成土体的沙粒来自沙质潮滩盐土，因此，土体中通常都夹杂有贝壳碎屑，目前既受风力的吹蚀，又继续接受风沙的堆积，地面往往还长有少量耐盐、耐旱的杂草。考虑到这类风沙土的成土条件和西北地区的风沙土并不完全一致，同时也很难把其归属到按照我国干旱和半干旱地区风沙土情况而划分的固定、半固定以及流动风沙土这 3 类亚类中去，因此，特在风沙土类中增设了滨海风沙土亚类。

《土壤报告》（1996）中把后滨沙地的土壤统一归属于滨海风沙土，但其特点仍具有一定的滨海盐土成分，属于过渡型土壤。

2. 潮间带滩地土壤

滨海盐土在我国土境分类系统中，曾作为盐土类的亚类。由于滨海盐土与内陆干旱、半干旱地区的盐土的盐渍化原因并不一样，其盐分的组成在土体中的分布和开发利用等方面也存在着较大的差异，因此《土壤报告》分类系统中将其独立成为一个土类。

潮间带滩地土壤历来都被认为是地质过程产物，而不是土壤，仅仅是一种含盐的土壤母质。《土壤报告》认为潮间带滩地，虽然目前还存在着地质堆积的过程，但同时也存在着生物的活动，有着生物累积过程，并表现出一定的生产能力。这些特点和陆地上其他土壤类型一致，因此，潮间带的滩地也应是一种土壤。它具有土体含水量高、受海水间歇性浸淹等特点，在分类系统中可视作一种含盐的沼泽土。但如果从滨海盐土在自然条件下的整个形成过程看，它又是滨海盐土类土壤形成过程中的第一个阶段。为了保持滨海盐土类土壤分类的系统性及完整性，《土壤报告》将潮间带滩地土壤作为一个亚类，隶属于滨海盐土类之中。

（二）滨海风沙土特点

滨海风沙土，由于形成发育过程中的气候、植被等因素及其性质，均有别于内陆风沙土，因而作为滨海风沙土亚类，归属到风沙土土类中。

滨海风沙土的土层大都很深厚，具单向或双向风积层理，沙粒分选及磨圆度较好。分布在流动沙土或固定沙土之间的半固定沙土，地表已生长稀疏耐旱的沙生植物，剖面层次略显风化，土体多为灰白色或灰棕色。固定沙土主要分布在半固定沙土的内侧，形成的时间较久，植物生长较好，或已营造防护林，植被覆盖度较高，土体层次风化比较明显，多为灰色、灰棕色、淡棕黄色，以至红色。一般滨海风沙土的特点如下：

（1）沙粒。滨海风沙土的矿物组成以石英为主，此外，还含有少量云母、长石和钛铁矿。滨海风沙土颗粒组成较为均匀，多以中、细沙为主。

（2）酸碱反应。南方的滨海风沙土土壤的酸碱反应，涵盖从酸性到碱性反应。距海较近的风沙土多呈碱性反应，形成较早；离海较远的多呈中性或酸性反应。南方滨海风沙土的酸性反应与南方降水量大、淋洗作用较强有关。

（3）养分贫瘠。滨海沙地自然植被稀疏，凋落物和植物残体少，加上温度高，有机质分解快，因此有机质含量很低，一般表层 <1%。全量和速效氮、磷、钾也很缺乏（刘腾辉和杨萍如，1988）。全氮含量与有机质的含量有密切关系，有机质含量高的，全氮含量也较高。

（4）沙质性。漏水漏肥而且容易干旱。滨海沙地的质地疏松多孔，通气性良好，渗透性很强。同时，沙土热容量小，增热快，水分非常容易气化蒸发而变干旱，故缺水干旱是限制沙地植物生长的主要障碍因素。

（5）盐分：通过对南方滨海地区 24 个县市沙质海岸一线区域的调研，立足植物的长势及土壤立地条件两方面，结果表明 90% 以上的原生土壤盐分均小于 1‰，属脱盐土，并未达到损害植物的浓度，但多数植物却存在明显的盐害症状，故影响南方滨海植物生长的主要因素是来自空气中的盐雾。

（三）潮间带滩地土壤特点

潮间带土壤是滨海土壤形成过程中的最初发育阶段，成土年龄极为短暂，并且仍在潮汐作用控制下处于动态平衡之中，土壤发育受到一定的限制。一般土壤含盐量高，有机质和全氮含量低；土壤全量含量变幅很大；没有发生层的层次变化，即仅有极薄的表土层，并且表土没有团聚结构。

潮间带滩地土壤属于滨海盐土类。潮滩盐土受海水浸渍，在母质絮凝、沉积的同时，进行着积盐过程。沉积物中残留的海水是土壤盐分的主要来源，且在潮间带，由于潮汐涨落，不断地补给土壤潜水盐分。在低潮滩，潮浸频率很高，土壤含盐量与海水盐分基本上呈平衡状态。在高潮滩，潮浸频率虽有所降低，但地面蒸发强烈，是潮间带积盐地带，土壤含盐量反而比低潮滩更高。

潮间带滩地土壤含有一定量的有机无机养分，这些养分在没有被植物选择吸收，形成表层养分积累之前，均匀地分布在整个土体之中。其中，沙质的潮间带滩地土壤是潮滩盐土，盐分和养分均较低，是本亚类中最低的一个土属。

三、波浪活动

波浪活动主要作用于海滩，沙质海滩是海岸带变化最频繁的区域。本书中的海滩指低潮线以上，主要由波浪作用塑造的，由未固结沉积物组成的海滨。

波浪对滨海沙地的影响主要表现在海滩剖面结构的变化和海滩土壤颗粒组成的变化两方面（陈子燊，1996）。在时间尺度上，波浪对海滩的影响具有两种明显不同的变形：一是长期演变，表现为海岸线的进退；二是短期演变，在形式上表现为海滩剖面随季节性风浪大小而作节律性变动。

在暴风浪条件下，高能波浪冲溃滩肩，大量泥沙被退流携带到内滨至外滨沉积，于是滩肩消失，而内外沙坝趋于形成，沙滩剖面由滩肩式转为沙坝式。当台风季节过后，波浪动力条件变为以涌浪为主，沙坝沙体在涌浪作用下不断向岸移动，其中相当部分最终堆积于高潮带，形成滩肩，沙坝式剖面又转化为滩肩式剖面。当然，这种转化只是理想状态下的平均情况，两种剖面形态循环过程中，泥沙的沉降时间是影响剖面产生的一个重要参数（Dean，1973）。在过去几十年间，波浪研究已趋于成熟。

一般情况下，天然海滩始终处于经常变动的波浪作用下。尽管如此，自然沙质海岸在波浪作用下，经过长期演变，一般会逐步形成一种与海岸动力相适应的自然形态。

四、风沙活动

在风力的作用下，沙质海岸地表物质产生的吹蚀、搬运和堆积作用，称为风沙活动。

地表沙粒最初开始运动是由于从风中获得了动量，因此，沙粒只有在一定的风力条件下才开始运动。这个使沙粒开始运动的临界风速，称为起动风速。超过起动风速的风称为起风沙。沙粒的起动风速与沙粒粒径、地表性质、沙子含水量（湿度）等多种因素有关。南方滨海海滩沙和海岸沙丘沙的主要粒径级为中细沙，在干燥状态时，起动风速为5～6 m/s，湿润时，可增加到7～8 m/s（吴正和吴克刚，1990）。

由风沙活动所形成的海岸沙丘是海岸风沙地貌最基本的形态。海岸沙丘的形成与类型同内陆沙漠（如塔里木盆地）不同，首先滨海沙源不是很丰富；其次，一年中风力塑造地貌的有效时间主要集中在冬季，因为南方沿海夏季炎热多雨，限制了风沙活动；最后，植物生长及沿海人类活动频繁等原因，均影响到沙丘形态的充分发育。因此，海岸沙丘的形态远不如内陆沙漠沙丘那么典型和规整，沙丘形态类型比较简单，复合型沙丘比较少见。

第三章　南方滨海沙地生态修复及技术

据统计，我国现有 70% 的沙质海岸处于侵蚀退化状态，且侵蚀的范围、强度不断加剧，故开展有效的滨海沙地修复工作迫在眉睫。

20 世纪初，美国、法国、荷兰、澳大利亚、日本等开展了一系列沙滩养护工程。90 年代初的香港浅水湾沙滩养护工程是中国第一个沙滩养护工程。随着厦门观音山沙滩养护工程的成功实施，全国各地掀起了以人工补沙为主要手段的沙滩养护工程。目前国内正在实施和计划实施的以人工补沙为主要手段的沙滩养护工程超过 100 个，这些工程虽然投入巨大，但多数取得了明显的效果。但是，纵观国内的沙滩养护工程，只有福建厦门和海南三亚等少数地点在采取沙滩养护的同时，采取一系列配套措施以保证沙源补给。福建厦门在人工补沙后对形成的沙丘进行植被修复，计划在厦门观音山建设全国首个以海岸沙地植物收集、保护和沙地植被修复成果展示为主要目的的海岸沙生植物园。海南三亚市在三亚湾成功实施人工补沙后，开展了以沙地植被修复为主要手段的沙滩美化措施，不仅稳住了沙子，而且取得了很好的景观效果。在澳大利亚，政府通过保护或人工恢复海岸沙丘植被，有时还设置栅栏“引导”风沙形成人工海岸沙丘，以达到增加沙源补给和景观美化的效果，同时大大降低了养护成本（图 3-0-1 和图 3-0-2）。

图 3-0-1 澳大利亚昆士兰州黄金海岸滨海沙地绿化

图 3-0-2 澳大利亚昆士兰州黄金海岸滨海沙地绿化

自然生态系统的恢复总是以植被恢复为前提的，植被恢复是退化生态系统重建特别是沙地系统恢复和重建的重要途径和步骤。对于海岸沙地，沙地植被的存在与否及发育程度，是衡量其功能的重要标志。自 20 世纪 50 年代以来，我国对于内陆荒漠沙漠植被恢复的研究已取得了辉煌的成就，但迄今为止，有关滨海沙地植被恢复技术研究尚无系统的记载。

本章重点介绍滨海沙地植被修复的相关内容，包括滨海沙地植被修复的限制因子及沙地植被修复所运用的生态学原理，这都是沙地植被修复工作能否取得成功的保障，在实际修复工作中需牢牢把握。另外，在沙地植被修复的基础上，相关的滨海风障技术和防护林建设技术也会相应进行介绍。

第一节　南方滨海沙地植被修复现状及存在问题

近年来，随着滨海城市开发和利用强度的不断加大，尤其是很多滨海高档住宅区建设和海岸带旅游开发使人们越来越重视滨海沙地景观的营造；但普遍存在过分强调滨海沙地的景观功能和旅游功能而忽视沙滩防灾减灾功能的问题。例如，直接在沙滩前缘（流动或半流动沙丘地区）设置建筑物或景观小品，营造的海岸景观抗御风暴潮的能力差，无法发挥海岸线应有的消浪减灾功能。应当明确的是，滨海沙地景观的营造不仅是改善居住和旅游环境的需要，也是海岸带防灾减灾的需要（图 3–1–1）。

图 3–1–1　沙滩、植被、建筑物各居其位（澳大利亚昆士兰州黄金海岸）

“十三五”时期，国家海洋局将针对海岸带与海岛实施“银色海滩”岸滩修复、“南红北柳”湿地修复、“生态海岛”保护修复等重大工程，旨在通过多种整治修复方式，有针对性地整治海湾、岸滩、湿地、海岛等受损生态系统。现今，国内外海岸防护工程日益受到重视，随着工程实践和科学研究的进一步深入，沙滩修复工程已开始由硬防护工程向与海岸自然过程冲突相对较少的软防护工程（人工养滩等）或软硬工程结合工程转变。我国也逐渐开始了这方面的工程，如福建厦门、辽宁大连、河北秦皇岛、海南三亚等地都进行了以人工补沙为主的沙滩养护工程；但只有海南三亚的三亚湾和西沙在人工补沙的同时，开展了沙地植被的同步修复（图 3–1–2～图 3–1–7）。此外，个别地区不考虑海岸沙地形成的自然因素，在没有仔细考虑海沙来源、水动力等因素的情况下盲目人工补沙，最终陷入年年补沙的情况，投入成本大但效果并不理想。

图 3–1–2　福建厦门环岛路人工补沙后植被修复效果图（设计单位：福建省春天生态科技股份有限公司）

图 3–1–3　沙滩上的植被修复（海南三亚湾）

图 3-1-4　沙滩上的植被修复（海南三亚湾）

图 3-1-5　人工补沙同时进行沙滩植被修复（海南三亚湾）

图 3-1-6　海岸沙地绿化（西沙七连屿赵述岛）

图 3-1-7　海岸沙地绿化（西沙群岛）

迄今为止，我国滨海沙地植被修复还多局限于防护林的营造，即使有少量对滨海沙地植被生态恢复的探讨，也多属于基础问题的研究或小面积的沙地植物修复示范。现海岸沙地植被修复的治理和保护工作主要存在以下几方面问题。

一、滨海沙地造林机械

滨海沙地属于沿海特殊资源，具有独特的沙丘结构、植物多样性和景观效益。但在全国防护林体系规划中，往往位于防护林基干林带，大部分滨海沙地多被一刀切地进行大面积的机械造林，且大多还停留在营造沿海防护林阶段，将木麻黄防护林等同于海岸沙地植被（图 3–1–8）。

图 3–1–8　将海岸沙地植被恢复等同于营造木麻黄防护林（福建平潭）

关于沿海防护林体系可概括性地分为 3 层结构，即：

第一，位于海岸线以下的浅海水域、潮间带、近海滩涂的先锋植物消浪林地。

第二，位于最高潮位以上的宜林近海岸陆地，主要由乔木树种组成具有一定宽度的海岸基干林带。

第三，位于海岸基干林带向内陆延伸的广大区域，包括农田防护林、护路林、村镇绿化等组成的纵深防护林。

以上林带的划分多属于机械性条件划分，当防护林体系应用于滨海沙地系统时，如图 3-1-9 所示，滨海沙地多被整平，为统一种植沿海防护林的基干主体林带（在南方滨海沙地多为木麻黄或桉树林）；但这种忽视沙地系统特有结构功能的林带营造及将滨海沙地植被恢复等同于木麻黄造林的修复模式，导致滨海沙地植被种类单一化，生物多样性降低，滨海沙地失去其应有的海岸屏障。

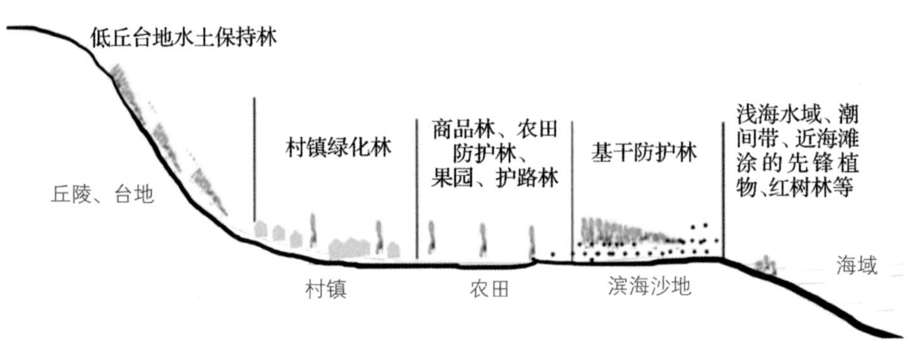

图 3-1-9　滨海沙地防护林体系结构示意（修改自黄义雄等，2003）

木麻黄防护林树种单一、结构简单的问题逐年显现，病虫害问题逐年加重，构建以木麻黄为主，多树种、多层次、高效益、低维护的复合防护林体系还有很长的路要走（图 3-1-10 和图 3-1-11）。

图 3-1-10　木麻黄防护林退化（海南东方）

图 3-1-11　木麻黄造林困难（海南乐东莺歌海）

二、未考虑沙地植被的自然演替规律

我国对于滨海沙地的研究虽已取得了一定的进展，但目前只是将海岸沙丘、前缘海滩及后缘栖息地作为独立的地貌单元进行研究，忽视了三者之间的联系。由于缺乏相关研究，因此人们对于滨海沙地的特殊性认识不足，在滨海沙地景观营造时未考虑沙地植被的自然演替规律，在流动沙丘区或半流动沙丘上直接进行建筑或园林小品建设，或在沙滩上围堤填土绿化（图 3-1-12～图 3-1-17）。沙滩和建筑物之间未留出一定的距离空间，破坏了沙滩的原有结构及其稳定性。沙滩是滨海沙地重要沙源的首要聚集储存地带，又是沙粒向内传输的传送带。另外，沙滩还是风浪、风暴潮等的缓冲带，对沙丘和植被具有保护作用。沙滩的破坏将会加速海岸侵蚀，进而危及海岸沙丘，而海岸沙丘破坏使得植被系统直接面对海洋灾害，加速其退化过程。

图 3-1-12　阻断沙滩原有结构强行围堤（福建莆田湄洲岛）

图 3-1-13　填土围堤绿化（福建莆田湄洲岛）

图 3-1-14　过分靠前围堤绿化（福建漳州龙海）

图 3-1-15　填土围堤绿化（福建漳州龙海）

图 3-1-16　填土围堤绿化（福建漳州龙海某海岸沙地绿化）

图 3-1-17　完工不久的填土绿化（效果有待考验，福建漳州龙海某海岸沙地绿化）

滨海沙地具有结构的完整性、沙丘系统的特殊性、珍贵稀有的植物多样性以及海岸自然屏障作用等。但人们对于沙地维持海岸生物多样性和作为海岸屏障等功能的认识不足，无法对海岸特殊的生态服务价值进行准确评估，非常不利于滨海沙地的保护和修复（图 3-1-18～ 图 3-1-22）。

图 3-1-18　绿化带过分往沙滩迁移（广西北海银滩）

图 3-1-19　建筑物过分靠近沙滩（澳大利亚）

图 3-1-20　堤坝侵占原有沙滩（福建平潭龙凤头）

图 3-1-21　沙滩前沿未进行任何植被修复工作，扬沙严重（福建平潭龙凤头）

图 3-1-22　海岸沙滩后缘长椅上的风沙沉积（福建平潭龙凤头）

三、将陆地植被景观“搬”到海岸沙地

现阶段我国整体对南方滨海耐盐植物的筛选与配置、园林应用特性及南方滨海沙地景观营造等方面的研究甚少，多数滨海绿化只是盲目将内陆园林绿化建设思路生搬硬套至滨海地区，不考虑滨海沙地环境的特殊性（详见第四章），导致滨海沙地景观建设普遍绿化效果不理想、地方特色不足（“千城一面”），海岸带与海岛特色无法体现，多数都面临植物成活率低和绿化成本高昂的问题（图 3-1-23 和图 3-1-24）。这与我国南方滨海沙地景观建设中的建植与养护管理模式还处于一个探索、相对不成熟的阶段及没有形成系统的滨海沙地植被修复技术有关。

图 3-1-23　海岸一线绿化树种选择不当（海南昌江棋子湾滨海大道某房地产沙地绿化）

图 3-1-24 沙地绿化位置选择不当（海南海口西海岸）

四、缺乏配套的沙地生态修复技术

目前，我们滨海沙地植被修复基本停留在营造防护林系统，没有形成配套的沙地生态修复技术，这是我国南方滨海沙地修复工作始终停滞不前的主要原因。

本书将在总结我国滨海沙地植被恢复相关研究及沿海防护林建设的基础上，提出一套实用性较强的针对南方滨海沙地生态修复的技术方法，主要包含3方面内容：一是滨海风障工程技术；二是沙地植被生态恢复；三是辅助防护林建设。其中，滨海风障工程技术体系，为机械辅助措施，既可位于滨海沙地最前缘，也可设置于沙丘带需要防风固沙的任何部位；沙地植被生态恢复，为滨海沙地植被修复的主体部分和最终目标，范围包括整个滨海沙地；辅助防护林建设，即狭义的防护林带，仅作为植被生态修复的辅助措施，并在此基础上总结了木麻黄的种植技术方法供滨海地区防护林建设参考。

我国南方各省区是台风和风暴潮的高发区，因此滨海沙地的生态修复是一个不容小觑的问题，尤其要加强海岸沙地植被修复工作，这样才能真正发挥海岸沙地的水文、生态、美学、社会经济服务及防灾减灾功能，打造集旅游观光及生态防护于一体的优美岸线。

第二节　滨海沙地生态修复技术——滨海风障工程技术恢复

防风固沙是沙漠地区绿化的关键，我国已经在西北地区沙地绿化中积累了丰富的经验（赵哈林，2007）。滨海沙地植被修复，首要任务是风沙的控制。因此，在滨海沙地植被修复过程中，防风和防沙技术非常关键。因地制宜地采用柴、草、树枝、石块、板条、网绳、竹、各种栅栏和篱、黏土以及固体墙体等材料，在沙地上设置不同形式的障碍物，以此控制风沙流向、速度、结构，改变侵蚀面状况，达到防风、阻沙、固沙，改变风力作用大小和方向及减轻盐雾危害的效果。根据功能和目的不同，障碍物可以分为风障和沙障，前者以防风为主，后者以防沙埋、导沙和阻沙为主，有的时候兼具这两种功能。为了描述方便，本书统称为风障。

实践证明，风障不仅能减弱风沙活动，改变沙地面貌，而且可以增加沙地土壤的种子库，提高土壤种子库容量，促进植被恢复（Le Houerou，2000；李生宇和雷加强，2003；曹子龙等，2005；李新荣等，2005）。风障使用，对于提高苗木成活率、改善苗木生长状况具有不可替代的作用，尤其是一些环境条件特别恶劣的风口沙地。此外，风障也能大大降低风障后缘的植物盐雾危害程度。

本节我们根据滨海沙地沙丘本身的特点，借鉴内陆沙地的经验，总结了适用于滨海沙地的各种风障。

根据风障的布设位置，可以分为无前丘式和前丘式，前者应用不多，我国现阶段应用的主要是前丘式风障。根据风障的致密性，可以分为透风式、紧密式和半隐蔽式 3 类。一般来说，当以防风蚀为主要目的时，选用半隐蔽式风障；当以截持风沙流为主要目的时，选用透风式风障；当需要改变地形时，应选用紧密式风障。

根据风障的使用目的，可以分为堆沙类、防风类和导沙类 3 类。堆沙类风障是利用秸秆、树枝、竹条、木板等材料编织而成的具有不同孔隙度的篱笆型前丘风障，一般高度设置为 1 m，风障的设置间距为风障高度的 10～15 倍。此类风障能够有效地滞留并堆积沙，长期易形成一定高度的固定沙堆，起屏风作用（图 3-2-1 和图 3-2-2），适合风大、沙源足以及需要积沙效果的受侵蚀滨海沙地。

防风类风障是指由网绳、秸秆、树枝、竹条、木板等材料编织而成的具有一定孔隙度的网状或篱笆型前丘风障，一般高度设置为 3～5 m，风障的间距为 5 倍的风障高度。此类风障的主要目的在于减弱风速，同时有一定的堆沙作用。因此，此类风障可用于风大、沙少的所有滨海沙地，能在很大程度上减弱风沙。而一些以防盐雾为主要目的的风障则采用遮光网为主要材料，高度因被保护对象而异。

图 3-2-1　木桩风障用于滨海风沙口堆沙（福建平潭）

图 3-2-2　堆沙类风障（台湾台北富贵角）

导沙类风障的设置目的是防止某地段被沙埋或者清除其上的积沙，使被保护物免受积沙危害。此类风障比较适合应用于需要改变沙地面貌特征的地区。即可应用于大型的沙地面貌改造或植被保护，也可用于小规模小生境的改变。但该类风障技术含量较高，需充分考虑该地区的沙地面貌、沙积和沙蚀特点及风向变化等。

而根据风障的使用材料，可分为篱笆式、围墙式和围网式 3 类。篱笆式即利用芦苇、秸秆、树枝、竹条等材料编织而成的防风结构（图 3-2-3 和图 3-2-4）。此类风障因材料获取方便、造价相对较低而被广泛使用。篱笆式前丘风障，一般高度设置为 3～5 m，风障的间距为 5 倍的风障高度。此类风障的主要目的在于减弱风速，同时有一定的堆沙作用，比较适合前有海岸前丘堆积形成的区域，或飞沙量少但风力十分强劲的区域。因此，此类风障可用于风大、沙少的所有滨海沙地，能在很大程度上减弱风沙。张水松和林武星（2000）通过在海岸强风沙口潮间带上缘利用木麻黄枝条设置高 1.5 m、透风度 0.6 的风障，在间隔 20 m 处再用相同方法建立第 2 道风障，进行篱笆式木麻黄造林试验，2 年后木麻黄的保存率可达 70%。

图 3-2-3　竹篱风障（台湾台北富贵角麟山鼻）

图 3-2-4 被风吹倒的篱笆式风障（福建晋江玷头林场）

围墙式即以垂直于地面的半透风或不透风墙体的地表工程构造阻挡物，用以阻挡气流、形成地表粗糙度，迫使风速降低或转向的风障类型（图 3-2-5）。台湾澎湖利用珊瑚礁碎块建设具有一定透风功能的防风墙，不仅节约了建材，而且充分体现了地方特色（图 3-2-6）。

图 3-2-5 围墙式风障（福建晋江玷头林场）

图 3-2-6　围墙式风障（台湾澎湖）

围网式是近年来新兴的一种风障，利用铁架、木头、石条凳为框架，将透风的塑料网固定于框架的风障。这种风障具有材料易获取、规格精确可控、拆卸和安装方便等优点，得到了广泛应用（图 3-2-7～ 图 3-2-10）。

图 3-2-7　风障防风阻沙效果好（澳大利亚昆士兰州黄金海岸）

图 3-2-8　风障设置于海岸最前沿（海南海口西海岸）

图 3-2-9　以防沙为主要目的的围网式风障（台湾澎湖）

图 3-2-10　具有防风墙功能的围网式风障（台湾澎湖）

一、活体材料的使用

除上述材料外，还可以就地取材，利用一些适应性强、获取容易、具有无性繁殖能力的原生植物如露兜树、麻疯树、仙人掌、草海桐、单叶蔓荆、抗风桐、黄槿、剑麻、狭叶龙舌兰、老鼠艻等进行网格状种植，再在网格中种植木麻黄或其他植物。这些活体材料不仅对其他植物有较好的保护作用，而且其本身就是典型的滨海沙生植物，条件合适的时候可以生长。1997—1998 年间，林业部门在海南西部昌江县昌化镇的小角湾至棋子湾一带沙化严重的海岸沙地植树造林时，采用先种植网格状的露兜树以固沙，再在网格中以种植木麻黄的方式造林，最终取得了较好的效果。

二、建筑物和建筑小品的利用

在一些旅游景区，结合建筑物、道路、围墙、雕塑等的挡风拦沙功能，在建筑物或建筑小品的背风面进行绿化，可以起到很好的效果（图 3-2-11～图 3-2-14）。

图 3-2-11　道路也是很好的风障（台湾澎湖三水沙滩）

图 3-2-12　建筑小品和围墙起到了很好的防盐雾功能（台湾台北富基渔港）

图 3-2-13　建筑小品的防盐雾功能（台湾澎湖北寮）

图 3-2-14　滨海沙地前沿的栅栏可减弱风沙和盐雾危害（福建平潭）

三、风障的设置

随着对滨海沙地环境恶劣性的逐步了解和绿化失败案例的增多，越来越多的滨海沙地绿化项目开始使用风障。滨海沙地风障的设置原则与方法，与内陆沙漠没有实质性的差异。我国在内陆沙漠风障的设置方面已经积累了丰富的经验，可以根据实际情况采用。下面介绍一些我国滨海沙地绿化的通用做法。

（一）高　度

高度越高，风障的有效作用距离越远，但对结构强度的要求越高，造价也越高。常见的竹篱或遮光网风障，高度一般不超过 2 m。而一些以预防盐雾危害为主要目的的风障，则要根据保护对象设置，如福建晋江玷头林场因盐雾危害严重，为了保护木麻黄，采用了高度超过 3 m 的风障（图 3-2-15）；福建莆田湄洲岛为了保护人工移植的香樟，采用了高度超过 5 m 的风障（图 3-2-16）。

图 3-2-15　防盐雾风障（福建晋江玷头林场）

图 3-2-16　防盐雾风障（福建莆田湄洲岛）

（二）疏透性

风障的疏透性越低，防风效果越好。但是，这种好的防风防沙效果仅仅在风障背后的小范围内起作用，防风的有效距离大大减少。为了协调防风效果和防风距离的矛盾，一般采用有一定疏透性的风障（图 3-2-17 和图 3-2-18）。多数风障的疏透度在 20%～40% 之间。

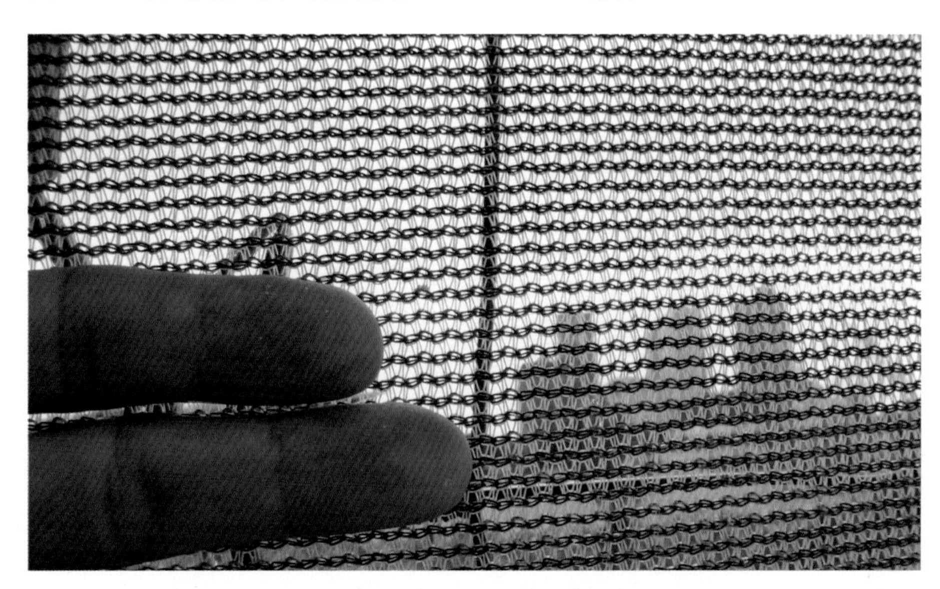

图 3-2-17　具有一定疏透性的风障（澳大利亚昆士兰州黄金海岸）

图 3-2-18　具有一定疏透性的风障（台湾澎湖）

（三）密　度

决定风障密度的因素有地形、坡度、风障高度、风力强弱和设置风障的目的。一般来说，风障高度越高，防护距离越大，风障间距就大，风障低矮则间距就小；坡度小间距大，坡度大则间距小；风力强处间距小，风力弱处则相反（图 3-2-19 和图 3-2-20）。一般而言，在平缓沙地上设置风障时，风障间距离为高度的 15 ～ 20 倍。

图 3-2-19　高密度风障（台湾台北富贵角麟山鼻）

图 3-2-20　高密度风障（台湾台北富贵角麟山鼻）

（四）方　向

风障与风向的夹角越大，防风效果越好，与此同时，风障所承受的压力也越大，对风障结构强度的要求也越高。因此，需要根据风速的大小做适当调整。在最大风速不超过 15 m/s 的弱风区，可以设置垂直于主风向的风障；如果最大风速超过 15 m/s（我国南方滨海大部分地段），则风障方向与主风向夹角在 65°～75° 之间（张俊斌等，2006）。风速越大，夹角越小；风障结构强度越高，夹角越大。台湾高雄旗津采用了“L”形风障，其设置方法是：与海岸线平行的方向每隔 10 m 设置一风障，每个风障由两片相互垂直的竹篱组成，竹篱高 1.3 m，长度分别是 2.0 m 和 1.5 m，两片竹篱连接处用铁丝固定（图 3-2-21 和图 3-2-22）。这种风障的优点是两个部分相互支撑，极大地增强了机械强度。同时在竹篱后面种植椰子等沙生植物。

图 3-2-21 “L”形风障（台湾高雄旗津）

图 3-2-22 “L”形风障（台湾高雄旗津）

（五）其　他

在一些沙源较少、风速较大、盐雾危害严重的区域，可采用挖沟栽植法。具体做法是：在地面垂直于主风向（尤其是东北季风方向）按照一定距离挖深 0.6～1.0 m、宽 1.0～1.5 m 的沟，挖出的土壤或沙子堆于沟的向海侧形成沙堤或土堤；沟内栽植木麻黄等，堤上种植狭叶龙舌兰、露兜树、草海桐、单叶蔓荆等栽培容易、适应性强的植物。这种方式充分利用了堤和堤上植物的防护作用。

第三节　滨海沙地生态修复技术——沙地植被生态恢复

前述的风障体系虽然具有防止流沙、降低风速、改变风向等功能，但终究属于临时构造物或土建设施，且建设风障的最终目的也是辅助滨海沙地植物的生长和生态系统的恢复。因为只有植被才是滨海地区永久的一道具备防风、固沙、过滤盐雾、阻止流沙入侵以及防止海岸线侵蚀功能的生态防线。同时，通过植被修复，能恢复滨海沙地结构功能，改善海岸气候环境，美化海岸线。因此，滨海沙地的植被恢复是沙地恢复最基础、最重要的一步。

一、植物选择的环境限制因子

植物选择在植被恢复和重建中具有重要的地位和作用，原则上以选择乡土植物为主，此外考虑到沙地恶劣的自然环境，耐沙埋、耐干旱、耐盐、耐贫瘠、固氮、速生植物是首选种类。

在沙地的植被修复过程中，植物的种类选择主要考虑以下几个环境限制因子。

（一）流沙危害

一般在沙地最前缘区域和没有植被覆盖的沙丘地带，多以流动沙丘沙地为主，风沙和沙埋危害严重，应选择那些根茎发达、生长速度快、固沙强、耐沙埋的植物，它们通常作为沙地的先锋植物，如筛草、砂引草、老鼠艻、马鞍藤、粗根茎莎草、单叶蔓荆等；但在沙量较大的滨海沙地前缘区域，宜结合透风式防风篱笆、堆沙篱笆或防风网类风障更易达到较好的植被修复效果。

（二）干　旱

沙地保水持水能力差，易蒸发，尤其是海岸风沙带和干旱少雨期，普遍为干旱生境。此类沙地上的植被修复，必须选择耐旱性极强的沙地植物，如：仙人掌、番杏、南方碱蓬、羽芒菊、单叶蔓荆、打铁树、酒饼簕等。此外，目前农业或园林上常用的喷灌、滴灌或者地灌也是不错的选择。喷灌除供应水分外，对减轻盐雾危害具有特别的意义。

（三）盐　害

滨海沙地常年受到海风吹袭，海风中夹带的盐分附着于植物叶片上，极易造成植物生理脱水，故在植物选择上应选用耐盐雾较强的植物，如单叶蔓荆、马鞍藤、中华补血草、老鼠艻、苦郎树、匐枝栓果菊、柽柳、露兜树、朴树、莲叶桐、酒饼簕、苦槛蓝、刺葵、黄槿、木麻黄等。此外，在沙地植被修复时，结合海岸风障，并且定期喷水冲洗植物枝条叶片上的盐分以减少植物盐害；种植海岸线的位置也要充分考虑植物的耐潮性。

（四）贫　瘠

在贫瘠沙地上，一般可以选择具有根瘤、菌根的植物与其他沙地植物混栽，如田菁、银合欢、千头木麻黄等。除了选择耐贫瘠植物外，还可以人为沃土或者添加肥料，先行种植具有固氮功能的植物等。此外，种植初期可以采取挖大穴多用客土的方式以增加养分供给。

第五章提供了我国南方滨海沙地原生和一些引种的植物种类。

二、沙地植被恢复应遵循的原则

在利用植物进行环境的生态恢复时，必须遵循植被和环境的自然规律。滨海沙地的植被恢复，以建造一个多层次的、具有完整结构的、健康发展的、多功能的生态环境为目标。具体恢复工作中应遵循以下几个原则。

（一）人工修复与自然修复的关系

以自然修复为主、人工辅助修复为辅的策略是我国生态修复的基本策略。沙地植被作为一个自然生态系统，具有一定的抗干扰能力和受到干扰后的自我修复能力，只要干扰不超过其阈值，去除干扰后往往表现出一定的自我修复能力。沙生植物长期适应于恶劣的环境，具有地下根系发达、种子休眠期长、繁殖容易且方式多样、繁殖体传播途径多样等特点，具有较强的自我恢复能力。这种自我修复，不仅是退化生态系统修复的内在驱动力，而且对人工辅助修复具有重要的指导和参考价值。澳大利亚昆士兰州黄金海岸的部分滨海沙地，采取简单的隔离措施就可以达到较好的修复效果。我国广西北海也有成功的案例。

（二）系统完整性

沙滩、沙丘、植被是滨海沙地生态系统结构和功能的3个基本要素，在进行沙地的修复工作时，要充分考虑三者的联系，不可只重视提高植物的覆盖度，而忽略海滩和沙丘的作用。

第一，受潮汐的影响，前滨和后滨沙地往往植被稀少。这些区域在一些设计者眼中，除了作为休闲旅游者的活动场所外，没有什么特别的功能。因此，在众多的滨海沙地规划设计中，千方百计地压缩后滨沙地，将其改造为陆地或者绿化用地。一些滨海沙地绿化工程，在受风暴潮影响的后滨区域开展耗资巨大的绿化项目，结果遭受了巨大的损失。前滨沙地和后滨沙地是海陆潮汐过渡区，在滨海沙地有着承上启下的重要作用，它们除了作为一些特有动植物的活动场所外，具有巨大的消浪功能，在海岸防灾减灾中具有不可替代的功能。

第二，沙丘系统（完整的沙丘系统包括沙丘体及其沙丘植物群落）是滨海沙地的主体地貌结构，不仅为植被提供重要的生存场地和环境，而且维持着沙地结构功能的完整性，更是发挥海岸防风屏障作用的主体。

若破坏沙丘原有的体系，将其整平成农田或在其上营造防护林，未做其他相应的植被修复和保护，则会导致海滩侵蚀加剧，生物多样性降低，防护林退化变窄，海岸生态系统脆弱。在沙地恢复中，只有充分利用自然的规律，科学开展沙丘植被恢复，保护沙丘体系的结构和功能，加强和推进海岸沙丘体系和防护林相结合的立体式防护模式，才能真正发挥滨海沙地的海岸保护屏障作用。

因此，人为对滨海沙地的任何修复作用，只有以认清规律、尊重自然为前提才可成功。滨海沙地生态系统是一个不可分割的有机整体，其内部任何一个环节突变，都会影响到相邻环节的生态功能。

（三）丘间低地特性

一般半固定和固定沙丘上生长的植物较多；在流动沙丘区，生长在沙丘上的植物很少，流动沙丘区的丘间低地的土壤种子库大，种类丰富。有研究表明，在丘间低地设置风障，可以明显提高沙生植物幼苗萌发和定居，但对于非沙生植物的作用不大（翟杉杉等，2009）。若丘间低地破坏，则会导致植物多样性下降。

因此，在滨海植被恢复过程中，要充分考虑丘间低地的特殊性；但若刻意地去重建丘间低地，则对维持濒危植物的效果并不理想，因为重建地缺乏种子库，靠植物自行传播不足以提供种源。

（四）固沙与植物多样性的均衡问题

固沙与植物多样性的均衡问题，是最能体现人工植被的生态恢复问题。但在实践中，固沙活动和土地利用变化造成沙丘面积锐减，沙丘特有植物丧失。如何才能实现在不损害或轻微损害沙地植物多样性的前提下削减风沙危害，是进行滨海沙地植被修复过程中必须要面对的问题（刘志民和马君玲，2008）。同时，为维持沙地植物多样性，应谨慎使用全面固沙措施，尽量不在沙丘上密集种植灌木，不在丘间低地中密集栽植乔木（图 3-3-1 和图 3-3-2）。

此外，在植被恢复过程中还要注意不能只重视植物丰富度，而忽视那些特有和稀有植物，其结果往往是提高了沙地植物丰富度的同时，使很多具有独特功能的沙丘植物消失。我们的统计结果表明，我国南方滨海沙地植物珍稀濒危种的比例高达 30%，远远超过我国高等植物 15%～20% 的平均水平。

图 3-3-1　结缕草的固沙作用（福建平潭大屿岛）

图 3-3-2　银毛树和草海桐的固沙作用（西沙七连屿）

（五）原有植被与新建植被的关系问题

现在很多绿化项目在实施过程中，都有先清除所有地表植物或杂草的“惯例”。事实上，在沙地植被正向演替过程中，少数在适应能力、繁殖能力和繁殖体传播方面具有优势的种类首先在流动半流动沙丘定居。而当固定沙丘上的植被在外力作用下逆向演替为半固定沙丘直至流动半流动沙丘时，只有少数植物种类能够保留下来。在福建、广东、广西和海南的前缘沙地，先锋植物老鼠艻、海马齿、南方碱蓬等草本植物集群生长而形成高度明显高于周边沙地的沙堆（图 3-3-3 和图 3-3-4）。而在西沙群岛的一些新生小岛上，草海桐、银毛树、圆叶黄花稔等植物是最先的定居者，尤其是草海桐，被认为是开路先锋，它首先在流动沙丘和半流动沙丘形成灌丛（图 3-3-5）。

这种灌丛沙堆的存在，一方面增加了地表的粗糙度，降低了风速，有利于大气中尘埃、沙粒的沉降和地表结皮的形成，另一方面植物根系

图 3-3-3　老鼠艻形成的植物沙堆（福建平潭大澳村）

图 3–3–4　海马齿固定的小沙堆（海南东方黑脸琵鹭自然保护区）

图 3–3–5　草海桐形成的低矮植物沙堆（西沙群岛）

分泌物、凋落物的分解和部分植物的固氮作用大大改善了灌丛沙堆所在地的土壤环境条件，不仅为自身的生存和繁衍创造了条件，而且为后来物种的侵入和更替提供了潜在机会。有机质在灌丛根际的缓慢沉积是植物适应和改善贫瘠沙质环境的主要机制。灌丛内及其邻近区域植物的种类、密度和生长状况明显优于周边裸地。此外，灌丛沙堆本身还是一个种源提供者。因此，在海岸沙地植被修复中，充分利用灌丛沙堆的这种庇护和种源功能，具有重要的实践意义。

此外，受携带盐分的海风的影响，一些生长于迎风面植物常整体枯死或较高部位的枝条枯死，影响了观赏效果，不少地方才将其人工清除。事实上，在一些风口地区如福建平潭龙风头、福建惠安赤山林场、福建漳浦、台湾澎湖、台湾北部的富贵角等地，哪怕是耐盐雾能力很强的木麻黄也不能完全幸免，海岸迎风面植物整体枯死或上部枝条枯死，后缘的植物则生长正常（图 3-3-6 ～图 3-3-8）。正是这些具有“自我牺牲”精神的植物给后缘植物营造了一个相对安全的家。一些地区对于一线海景的畸形需求使得滨海地区成为高档住宅的集中区，为了使更多的楼盘能够有“一线海景”和“瞰海”“亲海”，有的通过砍伐木麻黄防护林的方式“开阔视野”，有的将住宅建于“最靠近海”的地段，从而使得这些楼盘的园林绿化失去了防护林的保护，成为海煞的重灾区（王文卿和陈琼，2013）。因此，尽量保留原有植被，对滨海沙地植被的人工修复具有重要意义。

（六）与海、陆系统的衔接性

海平面上升也会对海岸沙地的植被产生很大的影响。海平面上升导致海岸侵蚀后退，沙滩最前缘的先锋植物栖息地最先被破坏，导致相应物种消失。栖息地的改变往往具有突发性，导致后续物种来不及演替定居，从而造成不可逆转的后果。

图 3–3–6　原有的木麻黄对新建绿地起到了良好的保护作用（福建龙海隆教）

图 3–3–7　木麻黄枯死的枝条对后缘植物起到了很好的保护作用（福建平潭流水镇）

图 3-3-8　海岸迎风面沙地前缘的木麻黄（福建龙海白塘湾）

植被恢复的目标不是种植尽可能多的物种，而是创造良好的条件，利用自然本身的修复力量，促进一个群落发展成为由当地物种组成的完整自然生态系统，这对沙地环境生境的改善和长时间稳定有非常重要的作用。

我国南方滨海沙地在植被修复上，可建造海岸防护林、种植固沙兼观赏性的植被或设置海岸风障构造物以减少风沙及盐雾。基本上为适应滨海的恶劣环境，应尽量引入适生的原生植物，就近育苗，加强苗木的抗逆性锻炼。同时为了配合滨海的适居性和游赏性，可部分配合地被草花或园景绿化、美化植物。

（七）阶段性目标与最终目标的问题

目前，我国几乎所有的生态修复项目在规划、设计与施工中都是一步到位的，一次规划、一次设计、一次施工，没有考虑分阶段实施。鉴于滨海沙地环境的特殊性，尤其是一些立地条件非常恶劣的风口沙地，一次设计、一次施工无法达到预期目标。为了完成预期的目标，不得不采取大规模的工程手段，不仅耗费巨大，修复效果也不明显，且与“自然修复为主，人工修复为辅”的修复策略相违背。

考虑到滨海沙地植被的演替规律、先锋植物对环境的改造作用和对其他植物的保护作用，基于减少投资和提高修复效果的目的，一些困难立地植被修复可以采取分阶段实施的策略，即先种植草本植物或匍匐灌木以固沙，待环境得到一定程度的改善后，再种植木麻黄等乔木树种。即使是环境条件相对优越的地段，也可以利用适应性强的木麻黄营造先锋林，利用木麻黄的保护作用，通过疏伐或间伐的手段在木麻黄林中套种其他植物。

第四节　滨海沙地生态修复技术——辅助防护林建设

我国沿海防护林体系具有明显的生态功能，在改善当地生态环境方面成效显著，其生态系统功能主要体现在涵养水源、水土保持、防风固沙、改善土壤水分条件、保护生物多样性等方面。

迄今为止，国内还没有专门的滨海沙地植物种植技术规程。但经过近60年的实践，我国已经积累了丰富的木麻黄种植技术，这些技术对在滨海沙地种植木麻黄以外的其他植物，具有很好的参考作用。此外，考虑到木麻黄防护林的退化问题，近年来一些单位在木麻黄林下套种夹竹桃、潺槁木姜子、榄仁等，取得了一定的成功。除选用良种外，配套技术的使用可显著提高苗木成活率和促进后期生长。配套技术主要有如下几种。

一、使用容器苗

与裸根苗相比，使用塑料袋、营养砖、营养杯等容器作为育苗工具的容器苗得到了广泛推广。值得注意的是，近年来一系列对病虫害具有较好抵抗能力的木麻黄无性系（组培或扦插苗）的大量使用，在一定程度上缓解了木麻黄退化问题。但无性系固有的浅根性和抗旱能力弱的问题在一些环境条件恶劣的地区逐渐显现，最主要的表现为干旱年份林木死亡现象严重，这应该引起有关方面的重视。

对于裸根苗，造林前将苗木根系蘸黄泥浆可以显著提高苗木成活率。

二、雨季种植

容器苗的大规模推广使得造林时间逐渐摆脱季节和天气的限制，造林季节从春季到秋季均有，个别地方甚至在冬季造林。但从现有的造林成效看，造林季节以雨水湿透土壤和造林后有连续的阴雨天气为最佳。条件越恶劣的地方，造林季节越要考虑天气因素。一般而言，春季造林成效明显优于夏季和秋季，在福建和广东尤其要避免在东北风盛行的秋冬季造林。除春季外，海南岛的部分地区如三亚可以利用 11 月份的小雨季造林。

三、就近育苗

《国家造林技术规程》8.3.3.2 规定：根据造林任务，就近育苗，避免长途运输造成损失。这是基于降低运输成本和减少运输损失的目的提出的，而对于滨海沙地绿化而言，就近育苗更具有其独特的意义。滨海沙地环境具有高温、干旱、贫瘠、沙埋、盐雾、强风等特点，这对大部分植物来说是一种挑战。植物的抗性是由多基因控制的数量遗传性状，其对不良环境的抵抗力或忍耐力的充分发挥需要一个逐步驯化的过程。由于苗圃地与待造林地环境条件相近，因此苗木对恶劣环境的适应性在出圃前就可以得到充分的驯化。就近育苗不仅可以达到降低运输成本和减少运输损失的目的，更重要的是可以提高苗木的抗性，从而大大提高造林成活率。如果没有条件就近育苗，则可以在出圃前半年采取减少浇水次数、喷洒咸水的方式提高苗木抗性。目前关于植物抗旱、抗盐锻炼的理论研究不少，但实际应用的案例不多，仅有王文卿等2015年申报的两项发明专利:《一种提高海芒果耐盐雾能力的育苗方法》（申请号：201510550519.10）和《一种提升海桐耐盐能力的育苗方法》（申请号：201510550544.X）。

四、大穴深栽

大穴深栽除能显著提高苗木成活率外，其苗木不仅高度、冠幅和地径明显高于对照，且对风沙和盐雾危害的抵抗能力也高。一般树穴规格为深50 cm、长50 cm、宽50 cm。苗木规格视立地而异，在流动沙地宜用大苗，而固定沙地可用小苗，适当深栽有利于提高成活率（徐向中等，2014）。栽植深度一般30～40 cm。福建东山岛木麻黄林内套种夹竹桃，造林时苗木入土深度为1/2苗高，可显著提高夹竹桃的成活率、保存率和生长量，成活率达85%（陈荫孙，2013）。

五、客土种植

受制于人力、物力，木麻黄沙地造林无法完全采用客土种植。但在种植穴中加入适量的泥炭土、黄红壤、红壤、砖红壤或海泥等客土，不仅可以提高土壤的保水保肥能力，还可以较好满足苗木生长初期对水肥的要求。客土量少则数千克，多则近20 kg。此外，为避免沙质土壤缺磷，可以少量掺入过磷酸钙。叶功富和冯泽幸（1993）的试验发现，穴内施用2.5 kg客土的1年生木麻黄树高和胸径比对照增加26%和64%。福建惠安赤湖林场在木麻黄林下套种潺槁树，采取挖大穴、拌过磷肥的红土和容器苗雨天种植的方式，郁闭度0.5以下林内潺槁树生长良好，成活率超过 85%（吴惠忠，2015）。

六、混交林

长期以来，由于木麻黄防护林多为纯林，存在着地力衰退、更新困难、林分稳定性下降等实际问题，制约了防护林可持续发展。许多实践证明，营造混交林可以提高森林生态系统中树种多样性和林分稳定性。沿海防护林采取不同树种混交对增强林带的防风作用有利，可达到保持林带防护持续利用的效果。多数研究发现，混交林中木麻黄保存率、树高、胸径生长量均大大超过木麻黄纯林；混交林防风、防护效益及土壤肥力明显大于木麻黄纯林。陈青霞（2011）研究发现，木麻黄与台湾相思 3∶3 混交林和木麻黄与台湾相思 2∶2 混交林风降率分别比木麻黄纯林提高了 15.9% 和 7.2%。木麻黄与大叶相思 1∶3 混交林比例最佳（林平华，2016）。另外，在一些立地条件较好的地方，木麻黄与湿地松的混交效果也不错，混交的综合效益以 3∶3 最佳（林武星等，2013）。

七、辅助技术——保水剂、抗蒸腾剂使用

近年来，一些新技术在恶劣环境的造林实践中得到了应用。研究表明，在盐碱地区绿化种植，除了要有配套的种植技术外，还要合理地使用保水剂和抗蒸腾剂，尤其是在反季节栽培时，配合遮阳网施用保水剂和抗蒸腾剂，可有效减少叶面水分蒸发，提高苗木的成活率。

保水剂是强吸水性树脂制成的高分子聚合物，通过自身强大的吸附能力，将雨水大量截留，起到保持土壤水分的效果，还可以改良土壤物理结构，克服沙土保水保肥能力差的缺点，可在海岛植被修复工作中推广使用。陈慧英等（2016）研究发现，木麻黄、台湾相思和夹竹桃的保水剂施加量以保水剂与土壤质量比例为 1∶500 为宜，可明显提高植物长势和植物存活率。而抗蒸腾剂是一种能降低植物蒸腾速率的材料，较多应用于景观林木与珍稀花卉移栽过程中，可抑制植株快速失水，提高成

活率。若将保水剂和抗蒸腾剂同时施用，则保持水分的作用比单独使用任何一种效果更明显。

滨海沙地木麻黄造林技术总结如下：

种植前1个月，需要提前对林地进行整理。首先要对土壤进行深翻，应将40 cm以下的土壤翻耕，以促进幼林生长，同时将杂草和土壤中的有机物杂质埋于地下。林地整理过程中，尽量保留原有植被，尤其是一些植物沙堆。沙地栽植木麻黄通常是边挖穴边种植，但适当深翻有利幼林生长，如广东电白，深翻60 cm比45 cm两年生树高、胸径增长12%和20%（何耀初，1987）。在穴内放海泥、海藻、鱼盐等基肥，或以泥炭土、红壤及砖红壤为客土利于保水保肥，据试验，穴内施用2.5 kg基肥的1年生木麻黄树高和胸径比对照增加26%和64%（叶功富和冯泽幸，1993）。同时充分利用辅助技术，如保水剂和抗蒸腾剂，提高苗木的成活率。造林季节从春秋到秋季均可，以雨水湿透土壤和植后有连续的阴雨天气最适宜，春季造林当年生长量比夏、秋季高（许高明等，1985）。苗木规格视立地而异，在流动沙地宜用大苗，而固定沙地可用小苗，适当深栽有利于提高成活率（徐向中等，2014）。困难立地用实生苗，条件相对好的土地可以用扦插苗和组培苗。对于风口或滨海前沿沙地，为防治沙丘流动破坏林穴，可用桩栅、围篱、席子等物做成风障，固定风沙，同时，这种风障在幼苗栽种后还可起到保护的作用（吴逸波，2013）。就近育苗，加强苗木的抗性锻炼，可提高苗木在恶劣环境中的生存能力。另外，要充分利用厚荚相思、楝树、湿地松等适应性强的植物与木麻黄混交，以提高防护林整体的林分效果和抗风防护效果。木麻黄林下套种潺槁木姜子，郁闭度0.5以下，林内潺槁木姜子生长良好，成活率超过85%（吴惠忠，2015）。我国南方各省防护林适宜种植的主要混交树种详见表3-4-1。

表 3-4-1　木麻黄防护林混交可选乔木树种

	浙　江	福　建	广　东	广　西	海　南
白千层	X	√	√	√	√
潺槁木姜子	X	√	√	√	√
大叶相思	X	√	√	√	√
厚荚相思	X	√	√	√	√
黄槿	X	√	√	√	√
黄连木	√	√	√	√	√
榄仁	X	X	√	√	√
莲叶桐	X	X	X	X	√
楝树	√	√	√	√	√
朴树	√	√	√	√	√
琼崖海棠	X	X	√	√	√
水黄皮	X	√	√	√	√
马占相思	√	√	√	√	√
厚皮树	X	X	√	√	√
台湾相思	√	√	√	√	√
血桐	√	√	√	√	√
杨叶肖槿	√	√	√	√	√
椰子	√	√	√	√	√

注：“√” 表示可选用，“X” 表示不可选用。

第四章　南方滨海沙地绿化案例

沙滩是滨海城市旅游吸引力的重点。滨海地区的绿化应努力达到实用与观赏一致，使滨海沙地在达到绿化的同时也实现美观的效果。此外，滨海沙地绿化应遵循自然规律以及开发和保护并重的原则，力求保持海滩和海岸线的纯自然性与完整性，给人以回归大自然原始美的感觉；注重海岸线原始风貌的延续，让自然特色、地方特色不断增强，以此来提升旅游吸引力。

本章将通过对国内外 6 个不同的海滩绿化案例进行点评分析，指出各个地点滨海沙地绿化的可取之处与不足点，并提供一个典型的滨海沙地道路绿化示范案例，以期能为南方滨海沙地园林工作者提供一些借鉴和参考。

案例1　海南东方海东方滨海沙地植被修复——填土绿化

一、本区概况

东方市属热带季风海洋性气候，旱湿两季分明，年均温 24 ℃，年均降雨量 900 mm，年均蒸发量 2 597 mm。季风显著，每年 11 月至次年 3 月盛行东北风，4 月至 10 月盛吹西风和西南风，年均风速 4.8 m/s。

本区的典型植被是“热带疏林沙化草原”，以灌木和草本等旱生性植被为主。原生植被群落结构简单，种类单一，除木麻黄防护林外，滨海沙地常见植物有海刀豆、白茅、粗根茎莎草、铺地黍、老鼠艻、匐枝栓果菊、单叶蔓荆、马鞍藤等。沿海地区主要是人工种植的防护林带，以木麻黄和桉树为主，但木麻黄存在快速老化、更新难的问题。

二、工程描述

该工程是某滨海住宅区的配套绿化项目，立地条件为海滨沙地，通过砍伐景观效果欠佳的木麻黄防护林进行改造，并通过沙地填土往沙滩前沿扩展建设景观带，规划建造兼具滨海景观特色及休闲功能的海岸公园（图 4-1-1 和图 4-1-2）。

图 4-1-1　2015 年海南海东方公园景观

图 4-1-2 2015 年海南海东方公园景观

三、项目点评

(一)优点——植物景观丰富

项目在东方市风沙大、降水少、蒸发强、极度干旱的自然条件下，营造了有一定植物丰富度、绿量的绿化景观。在植物配置方面，通过前排种植木麻黄来减弱风沙对后排植物的侵害也是极好的技术措施(图 4-1-3 和图 4-1-4)；在施工技术方面，采用覆土技术(但工程填土比例过厚，易改变沙地性质)，利于前期恶劣环境下提高植物的成活率。

图 4-1-3 绿化改造后的海滩景观

图 4-1-4　木麻黄作为前沿树种起减弱风沙的作用

（二）缺　点

虽然海岸的景观效果不错，但项目偏重于景观重建，生态修复不足，在树种的选择上多运用的是非滨海沙地植物，展示热带风光的植物种类少，且对沙地植被修复的重视度不足，海岸生态系统稳定性差。

本项目忽视滨海沙地特征，长远来看将不利于沙地的自然恢复，表现为沙地面积缩减，海岸功能减弱，生态系统脆弱性增加，海岸带的防灾减灾效果差。

1. 生态绿化模式缺乏创新，滨海特色不足

本项目的绿化是效仿内陆的园林绿化模式来营建海岸公园（图 4-1-5 和图 4-1-6），不是尊重自然的生态修复，而是填沙滩造景观。考虑到沙滩的自然属性和旅游及休闲功能，应该用生态的理念进行修复和植被重建，其向沙滩前沿填土扩展绿化显然有违此论。同时，也失去了滨海特色，景观吸引力不足。

图 4–1–5　海南海东方公园海岸填土围堤绿化景观

图 4–1–6　海南海东方公园海岸填土围堤绿化景观

2. 植物选择和配置不能发挥良好的环境效益

滨海环境的特殊性决定了植物的种类选择和配置需要考虑的因素多，较之内陆复杂。该项目绿化对当地自然条件的恶劣程度估计不足，所选择的植物种类和配置方式不适应立地条件。绿化树种大量使用非滨海沙地植物，如大花紫薇、翠芦莉、重阳木等，这些树种对滨海沙地环境的适应能力有限，长势不好，生态效益差（图 4–1–7）。

图 4–1–7　海东方公园里受害的大花紫薇

3. 生态系统较脆弱，防灾减灾效果差，管理成本高

东方市的盐雾危害并不严重，故一般的园林树种在有木麻黄作为风障的遮挡下能正常生长，但由非沙地植物形成的海岸生态系统相对比较脆弱，防灾减灾效果差，若遭遇极端恶劣的天气，将不堪一击，这在某种程度上增加了景观经济管理方面的成本。同时，工程换土虽在一定期限内解决了土壤瘠薄、盐分高的问题，但其成本高，占绿化投资的 1/2 以上，非长久之计。

（三）启　发

生态绿化是一项系统生物工程，解决问题要讲究科学性和系统性。该海岸绿化的问题在于缺乏系统生态设计，对生态绿化定位不明确，导致营造的海岸景观生态群落既不稳定又无滨海特色，没有充分发挥滨海沙地的美学及防灾减灾的生态功能。滨海城市应当充分发挥当地的区位和资源优势，在设计过程中充分考虑沙滩的场地特征，打造富有竞争力的滨海旅游特色景观。简而言之，所有旅游开发只有围绕资源特点进行产品定位，才能打造出具有吸引力的景观。

案例2　海南乐东佛罗滨海沙地植被修复——植物种类选择及种植技术问题

一、本区概况

本区属热带季风性气候，旱湿两季，旱雨季明显，年均温 25 ℃，年均降雨量 1 559 mm，年均蒸发量 2 300 mm。季风显著，每年 9 月至次年 3 月盛行东北季风，4 月至 10 月盛行西南季风，年均风速 3.9 m/s。

本区的典型植被是“热带疏林沙化草原”，以灌木和草本等旱生性植被为主。自然条件相对恶劣，风沙大，降水少，蒸发强。

二、工程描述

该工程是某海边房地产的配套绿化项目，原有植被为木麻黄防护林带，林带外侧是以马鞍藤、老鼠艻、海刀豆等为优势的野生植被。项目设计是通过伐除景观不佳的木麻黄防护林，营造兼具观赏与防护功能的海岸景观绿化（图 4–2–1 和图 4–2–2）。

图 4–2–1　海南乐东佛罗海岸沙地绿化景观

图 4-2-2 海南乐东佛罗海岸沙地绿化景观

三、项目点评

（一）优 点

1. 尊重自然，节约环保

本项目的绿化理念是尊重自然，在对原滨海地形地貌保护的基础上，对原有观赏功能欠佳的沙地植被进行改造提升，营造景观优美、种类多样兼具防风固沙功能的沙地植被。所选择的植物多为适应滨海沙地环境的种类，如椰子、黄槿、露兜树、剑麻、马鞍藤等。同时没有大挖大填、大兴土木，而是选择一些适应沙地环境的植物进行绿化修复，节约了大量的填土成本和后期维护成本。此外，在建筑与海之间，为沙地植被留足了空间，营造从滨海沙地森林、灌丛、草地、裸露沙丘、潮间带沙地到大海的自然过渡地带，兼顾了各方面的需求，故海岸带的防灾减灾效果较好，海岸线不易受到极端灾害天气破坏。

2. 植被修复效果良好

本项目在绿化设计及施工过程中，刻意保留滨海沙地草本植被，如原生优势种马鞍藤，整个地被恢复良好，达到了黄沙不露天的效果，为陆地一侧的绿化带提供了更优越的生境。此外，陆地一侧绿化的植物种类使用适应沙地环境的结缕草和狗牙根，绿化效果良好。

滨海沙地地表的地被修复利用当地抗风、耐沙埋、适应性强的乡土物种马鞍藤来固定流沙，随着地表植被盖度、生物量的增加，沙地的温度、湿度等都会更适宜植物生长（图 4-2-3）。

图 4-2-3　覆盖于地表的马鞍藤连片群落

（二）缺　点

本项目虽然生态修复理念和生态技术有一定创新，但在具体建设施工过程中还存在以下问题。

1. 急于求成

为了快速绿化，将原有的木麻黄防护林全部清除，使得新种植的植物直接面临强风、盐雾的威胁。木麻黄防护林虽然景观效果不够理想，但在防风固沙、营造小气候等方面具有不可替代的作用。大量的实践表明，有木麻黄防护林保护的地方，植树种草不仅成本低，且见效快。如果在设计施工过程中，刻意保留一部分木麻黄防护林，待新种植的植物长到一定程度后再逐步替代，则效果会更好。

2. 绿化技术措施不当

本项目选用的植物大部分是适应滨海沙地的植物种类如椰子、黄槿、榄仁等，但采用的技术措施不当（图 4-2-4 和图 4-2-5），没有针对当地恶劣环境提出技术办法。乐东与海南最干旱的东方市相邻，项目所在地具有干旱、土壤贫瘠、风沙大、降水分布不均等不利因素，相关单位没有充分考虑这些不利因素，为了达到快速的绿化效果，大量使用大规格苗木，且没有采取苗木定植前的耐盐锻炼、耐盐雾锻炼等技术措施。同时，又在旱季进行反季节施工。

图 4-2-4　海南乐东佛罗滨海沙地景观

图 4-2-5　海南乐东佛罗滨海绿化景观

3. 植物配置不科学

滨海沙地植物长期适应于恶劣的环境，各物种间形成了一种相互依存的关系。一般情况下，抗风和耐盐雾能力强的植物，如露兜树、椰子等常在海岸第一线，它们以“牺牲”自己的方式为后续植物的生长发育创造了空间。因此，沙地绿化不仅要考虑各树种的观赏效果，更要根据各物种对环境的适应能力进行梯次配置。本项目未能充分遵循这一规律，种类之间、群落之间不能相辅相生，特别是对滨海沙地环境适应能力有限的种类，如高山榕、鸡蛋花、黄钟木、黄槿等，种植后出现明显的盐雾危害症状（图 4-2-6～图 4-2-9）。

图 4-2-6　高山榕

图 4-2-7　鸡蛋花

图 4-2-8　黄钟木

图 4-2-9　黄槿

(三)启　发

该滨海绿化工程没有大挖大填以改变原有生态环境，在策略上走的是生态环保路线，充分重视原生沙地植物在海岸带生态系统稳定性上发挥的重要作用，值得推崇。但是由于相关单位对滨海耐盐雾植物的习性了解不足，也没有充分考虑项目所在地环境的特殊性，选择的一些树种无法在此生境中正常生长，即使能够存活也没有观赏价值。对风沙大的滨海绿化，筛选适宜的耐盐雾树种是最有效也是最经济的绿化措施。同时，如果有条件的话，则可考虑就近育苗或移植前对植物进行抗旱耐盐雾锻炼来提高植物的成活率。

案例 3　海口西海岸滨海沙地植被修复——高潮线边缘的绿化

一、本区概况

海口紧邻琼州海峡，与雷州半岛隔海相望，别称“椰城”，属热带海洋性季风气候，年均温 24.2 ℃，年均降水量 1 664 mm，年均蒸发量 1 834 mm。常年以东南风和东北风为主，年均风速 3.4 m/s。

海口西海岸位于海口西北部，北起琼州海峡，南至南海大道，长约 26.3 km。其坐拥优越的生态环境及海岸资源，是海南国际旅游岛战略的重要组成部分，同时也是未来海口新核心区。海岸线景观是海滨城市的特色和灵魂，也是经济命脉线，西海岸作为海口的一张特色名片，其海岸的沙滩绿化更是展示海口面貌的一个重要部分。

二、工程描述

海口西海岸新区的规划建设于 2006 年陆续动工，规划总用地面积约 50 km^2。首先通过在沙地运土填沙植树来增加绿地面积，接着以大量的椰子等热带海岸树种造景，意图营造兼具旅游和观赏功能的南国特色海岸景观（图 4-3-1 和图 4-3-2）。

三、项目点评

（一）优　点

1. 以丰富的热带植物突出热带风情景观

本项目在海岸景观绿化中，充分考虑了滨海绿化的环境特性，选用大量典型的热带植物如草海桐、露兜树、琼崖海棠等造景，同时以椰子作为

图 4-3-1　海口西海岸绿化景观

图 4-3-2　海口西海岸绿化景观

基调树种来展示滨海热带风光（图 4-3-3 和图 4-3-4）。热带风光植物是热带风情的语言，保护和强化这类植物群落，可以彰显“椰城”的特色。

图 4-3-3　海口西海岸绿化景观

图 4-3-4　海堤边的椰子

2. 重视工程防护，在风口一线设置风障

在滨海沙地绿化中，防风固沙技术非常关键。沙丘固定是沙质海岸生态系统恢复的首要问题，只有使沙丘固定之后才能进行植物的重建和恢复，而风障是海岸沙丘固定的有效措施。本项目在绿化时充分考虑了滨海沙地环境的恶劣性，在流动的风口沙堤设置风障形成挡风拦沙屏障，以固定流沙，利于向陆侧植物的恢复生长（图 4–3–5 和图 4–3–6）。

图 4–3–5　沙滩前沿风障

图 4–3–6　沙滩前沿风障

（二）缺　点

1. 改变沙滩自然环境，紧邻高潮线绿化，防灾减灾效果差

在原有沙滩上人为填土绿化，改变了滨海生态，不完整的海岸生态系统无法很好地发挥消浪抗蚀、保滩护堤的作用，在极端恶劣天气下的防灾减灾效果差。该工程过分追求所谓的绿量景观，绿地紧邻高潮线，导致海岸带原生的刺灌丛和草本植物群落结构被破坏。在紧邻高潮线的沙地外缘，生长的应是耐盐的卤地菊、老鼠艻、单叶蔓荆、马鞍藤、盐地鼠尾粟等沙滩特有的拓荒先锋植物和耐沙埋的优良固沙植物，但绿化单位并未意识到此问题。因此海岸线不具备良好的防灾减灾功能，最终在2014年7月、9月被两次强台风（“威马逊”“海鸥”）引起的天文大潮击垮，许多树木被拦腰刮断甚至连根拔起（图4–3–7和图4–3–8）。

图4–3–7　被台风潮水冲击的海岸

图 4-3-8　高潮线边缘的木麻黄

2. 未重视沙生景观的营造

滨海沙地的绿化应当以修复沙地植被为主，以营造沙地植被景观为目标。但绿化单位以景观绿化为目标，选用的骨架树种是非典型的海岸沙生植物，导致形成的景观特色不足（图 4-3-9 和图 4-3-10）。

图 4-3-9　海口西海岸景观

图 4-3-10　海口西海岸景观

（三）启　发

作为热带滨海城市，在沙地绿化时要以沙地生态修复和植被重建来营造地域特色，同时海岸景观绿化应遵循自然规律和可持续发展原则，不能将关注点只集中于滨海沙地景观功能和旅游功能的营造，而忽视了沙滩的防灾减灾功能。虽然工程换土见效快，在一定期限内解决了滨海沙地土壤瘠薄、盐分高的难题，但面临成本高、不持久的问题，且营造的海岸生态系统稳定性差，不足以抵抗极端天气灾害。

我国滨海沙地中，以海南西海岸的环境最为恶劣，表现为严重的干旱及大面积流沙。因此，针对该区域的滨海沙地植被修复，在尊重自然的前提下，应尽可能多地采取各种防护工程措施，以保证植被存活作为早期植被修复的重点。

案例4 澳大利亚昆士兰州黄金海岸滨海沙地植被修复——模拟自然修复

一、本区概况

澳大利亚昆士兰州黄金海岸位于澳大利亚东南部海岸中段，由10多个连续排列的优质沙滩组成，长约42 km，以沙滩为金色而得名。其属亚热带海洋性气候，年均温25 ℃，年均降水量达1 000 mm以上。

黄金海岸是世界知名的滨海旅游胜地，旅游业是其支柱产业，每年接待游客达1000万人次以上。滨海度假旅游主要是依托海岛、海滩、海岸、海水等滨海资源开发出来的旅游产品，通过营造优质的滨海环境来满足游客观光、娱乐、休闲度假的多层次需要。

二、工程描述

澳大利亚昆士兰州黄金海岸绿化利用原生沙地植物来模拟自然植物群落在海边的位置，形成自然的绿化配置模式（图4–4–1和图4–4–2）。同时在重点区域设立风障减弱风沙，保护向陆植被的恢复生长，意图营造兼具观赏及防护功能的原生态海岸景观。

图4–4–1 沙滩上人工种植的原生沙地植物

图 4-4-2　沙滩上人工种植的原生沙地植物

三、项目点评

（一）优　点

1. 以自然恢复为主，模拟建造海岸带的自然植物群落

本项目通过种植原生沙地植物并模拟植物在海岸带的生长分布（图 4-4-3 和图 4-4-4），依靠生态系统的自我调节能力进行恢复，避免了以花费大量人力、物力来打造绿色景观的手法，这对于面积大、跨度广的滨海沙地无疑是最佳方案。当然，这种模拟自然环境的恢复策略能够得以实施，需要掌握丰富的原生植物资源和生态修复技术。

2. 应用原生植物固沙，滨海景观特色及海岸生态系统稳定性强

该海岸的植被恢复是通过种植大量的原生植物来固沙的。选用具强防风固沙的原生植物，不仅保护了滨海地区的生态环境，而且在一定程度上保留了滨海地区景观的自身特色，海岸生态系统稳定性强，从而节约了景观经济管理方面的成本。

图 4-4-3　模拟海岸带植物的沙地修复

图 4-4-4　模拟海岸带植物的沙地修复

3. 巧用风障绿化

风障是防风固沙的有效措施，通过在重点区域设立风障，并栽植先锋草、灌木等固沙植物，使流沙地表先得到稳定。稳定的沙丘能使天然植被很快恢复，在一定程度上能改善植物生长的小气候，为植物景观多样性的营造创造了条件（图 4–4–5 和图 4–4–6）。

图 4–4–5　沙滩前的风障

图 4–4–6　沙滩前的风障

（二）缺　点

因推崇自然修复，所以修复的时间会比较长。同时在绿化初期，由于以原生植物的自然恢复为主，因此景观初始效果较差（图 4-4-7 和图 4-4-8）。

图 4-4-7　多种原生植物应用于海岸固沙

图 4-4-8　多种原生植物应用于海岸固沙

（三）启　发

自然的就是最美的。人类没有能力去恢复出真正的自然系统，但是我们可以尽可能地模拟自然，把一个地区需要的基本生态元素放在一起，提供基本的条件，让“自然做功”，最后实现生态修复，这是最经济、最有效也是最符合可持续发展理念的做法。澳大利亚凭借得天独厚的自然条件（原生植物丰富）加上运用得当，以最低成本达到了世界级的景观效果，这种返璞归真、遵循大自然法则的绿化方法值得效仿。

案例5　海南三亚湾滨海沙地植被修复——人工补沙，增加空间

一、本区概况

三亚市地处海南岛最南端，属热带海洋性季风气候，年均温 25.4 ℃，年均降雨量 1 348 mm，年均蒸发量 2 344 mm，年均风速 3.2 m/s，素有“天然温室”之称。

三亚是我国最南部的热带滨海旅游城市，被称为“东方威尼斯”。而三亚湾作为其主要的海湾之一，被誉为“中国最美的海湾”，湾长沙细，岸上绿树如带，是三亚滨海景观中不容忽视的动人风景线。

二、工程描述

从海岸沙滩外缘至内侧沙坝结构自然状态依次为裸滩、草本植物群落、刺灌丛和绿化带，但在绿化工程实施前，三亚湾绿化带的外侧是裸滩，在建筑与海之间，没有为沙地植被留出足够的空间。因此，首先选择在裸滩前沿人工补沙来增加原有沙滩的空间，恢复裸滩和绿化带间的刺灌丛和草本植物群落，并通过围网来进行保护和效果巩固（图 4–5–1 和图 4–5–2）。其次，在沙生草地和灌丛草地的地段，适当引入一些在沙地生长良好、冠形优美的滨海沙生植物，如草海桐、露兜树、椰子等。

图 4-5-1　滨海沙地灌丛草本植被恢复

图 4-5-2　滨海沙地灌丛草本植被恢复

三、项目点评

（一）优　点

1. 重视沙地植被群落的完整性，模拟海岸植被群落配置

本项目全面发展滨海沙地的景观功能、旅游功能及防灾减灾功能，用模拟自然环境的方法种植了大量的原生植物来恢复其刺灌丛和草本植物群落。植物群落自海岸向内陆以条带状形式布局，按照自海岸向内陆种植匍匐地被—稀疏灌木群落—稀疏乔木群落的顺序进行植物配置，大大降低其人工配置植物的受害程度，使内侧的植物得到较好的保护（图 4-5-3 和图 4-5-4），海岸沙地的生态系统稳定性得到增强。

图 4-5-3　海岸沙地灌丛中的草海桐

图 4-5-4　海岸前沿的露兜树及马鞍藤地被

2. 实用观赏一致性

本项目以植物的生态适应性和观赏性作为选择树种的首要条件，大部分植物兼具固沙和观赏价值，如椰子、露兜树、琼崖海棠、草海桐、单叶蔓荆、马鞍藤等，既满足了滨海生态环境的需要，又实现了景观的美化和生态效益的提高（图 4-5-5 和图 4-5-6）。

图 4-5-5　海岸前沿的琼崖海棠

图 4-5-6　海岸前沿的琼崖海棠

3. 绿化带景观特色强，以椰子为主体打造“椰风海韵”景观

本项目的总体布局充分利用优美的岸线，创造平缓有致的微地形。以椰子为基调树种，突出热带植物景观，形成一道长达 10 km 的绿色屏障，被誉为“椰梦长廊”（图 4-5-7 和图 4-5-8），将海南的区域特征表达得淋漓尽致。

图 4-5-7　椰子林

图 4-5-8　椰子林

（二）缺　点

本项目通过人工堆沙来增加沙滩的空间，存在一定的生态安全隐患，这种沙滩的稳定性以及对当地水文地质的影响有待考验。

理论上，依据堆沙来源可分为两种情况，一是沙滩外来沙源，可视为该岸段自然沙源量增加，岸线向海扩进，通过植被修复，原则上利于滨海沙地系统的恢复；二是沙源取自于本沙滩，那么这种人为干扰终将被波浪和风再次改造。

（三）启　发

海岸带绿化的规划设计应始终以维护岸线生态平衡为宗旨，若需通过填沙补沙增加沙滩的空间，则只有同步开展沙地植被的修复，按照植被动态演替规律来人工诱导复合植物群落，确保岸线植物群落的演替和热带植物景观效果，才能起到相应的防灾减灾效果；只有充分利用热带植物造景，统筹规划、合理布局，才能打造出别具一格的景色。三亚正是凭借其尊重自然、崇尚自然的理念，达到了“虽由人作，宛自天开”的整体景观艺术效果，成为国际一流避寒和休闲度假胜地。

案例6　福建漳浦古雷滨海沙地植被修复——植物筛选及工程措施相结合

一、项目概况

漳州市古雷港口经济开发区位于福建省南端的东山湾东侧、漳浦县境内，属南亚热带海洋性季风气候，年均温21℃，年降雨量1 525 mm。古雷半岛三面环海，秋冬季盛行东北风，夏季受台风影响盛行西南风，是福建省四大强盐雾区之一，年均风速达7.1 m/s。

本项目为古雷作业区至古雷港互通口疏港公路道路绿化，总长约17.1 km（图4-6-1红线范围）。项目地紧邻海岸（离海岸高潮线最近的距离仅100 m），土壤为滨海沙土，绿化难度极大。

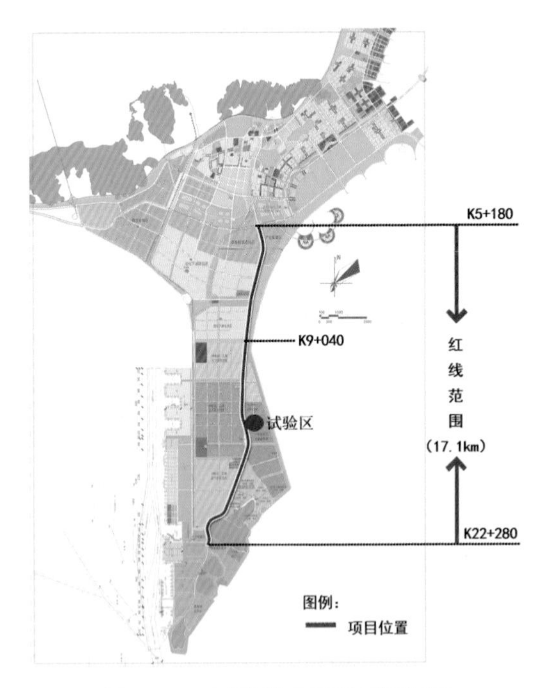

图4-6-1　古雷绿化工程设计范围平面

本项目位于福建漳浦县古雷港经济开发区。项目服务主体定位为城市快速路，贯穿古雷经济开发区，是古雷经济开发区生态廊道的重要景观轴

之 ，绿化要求多功能兼顾，环境恶劣技术难度大。

道路基本结构如图 4-6-2 所示，路宽 40～50 m，双向 6 车道。道路从中线向路侧设计了较宽阔的绿化分隔带，依次为中分带、边分带、行道树绿化带、路侧绿化带，其中中分带、边分带、行道树绿化带已由某单位（以下简称 A 公司）于 2014 年 5 月份完成施工（图 4-6-3 和图 4-6-4）。路两侧 20 m 宽绿化带由福建省春天生态科技股份有限公司（以下简称“春天生态”）负责实施。考虑到项目地恶劣的环境条件，在设计前先对 A 公司的绿化情况做了调研，并在代表性地点设立了试验区（图 4-6-1 红圈），进行试验性种植（图 4-6-5 和图 4-6-6）。试验区位于古雷消防处附近，离海的距离约为 250 m，苗木靠海一侧有两层 1 m 高的黑色围网遮挡。

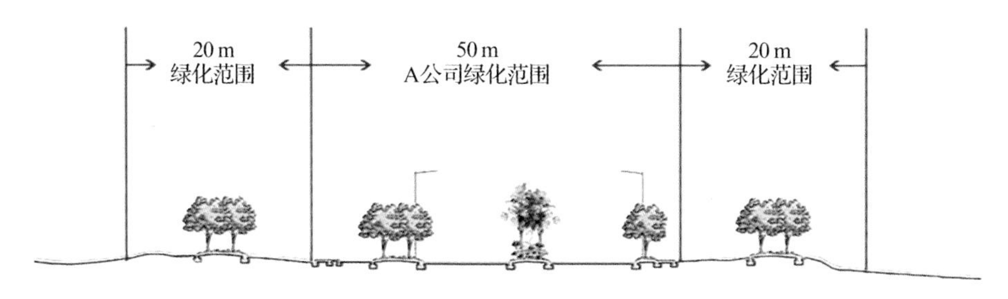

图 4-6-2　福建漳浦古雷疏港道路绿化带平面

图 4-6-3　道路隔离带种植两年后的糖胶树

图 4-6-4　人行道绿化

图 4-6-5　试验区绿化

图 4-6-6　试验区绿化

二、现场调研评估

笔者相继于 2014 年 11 月，2015 年 1 月、4 月、8 月、9 月、12 月共 6 次对漳浦古雷进行了现场考察，主要针对 A 公司施工的绿化路段、春天生态的试验区进行植物种类、植物长势及当地的风沙和盐雾危害进行评估。

植物长势的评分依据是植物健康绿叶量残留的百分比，并依分值划为 A，B，C，D 4 个等级（其中 A 代表长势不错，绿叶量达 90% 以上；B 代表长势一般，绿叶量为 60%～90%；C 代表长势差，绿叶量为 60% 以下；D 代表植物已经死亡）。

（一）有无遮挡物及离海不同距离对植物长势影响的差异评估

为验证有无遮挡物以及离海不同距离对植物长势的影响，进行了不同环境因子条件下植物长势的差异评估。评估选择 3 个不同路段进行对比，从靠海一侧到靠陆一侧依次为有遮挡路段（A 公司）、无遮挡路段（A 公司）和试验段（春天生态），其中有遮挡路段有建筑物、防护林遮挡；无遮挡路段受海风直接吹袭；试验段为春天生态的试验区。本评估将范围内的所有植物进行评分，并以最后平均分作为该路段的分值（图 4–6–7 和图 4–6–8）。

由图可知，3 个不同路段的植物长势差异巨大，由好到差依次是有遮挡路段、试验段、无遮挡路段。有遮挡路段的平均分值达到了 80 分左右，在 3 个路段中长势等级为 A 的比例也最高，相比之下无遮挡路段的植物死亡率高达 15.1%。试验段植物长势总体不错，达 B 级以上的有 70%，但仍有 30% 的树种长势不佳，故可能存在部分树种选择不当及种植时机不合适

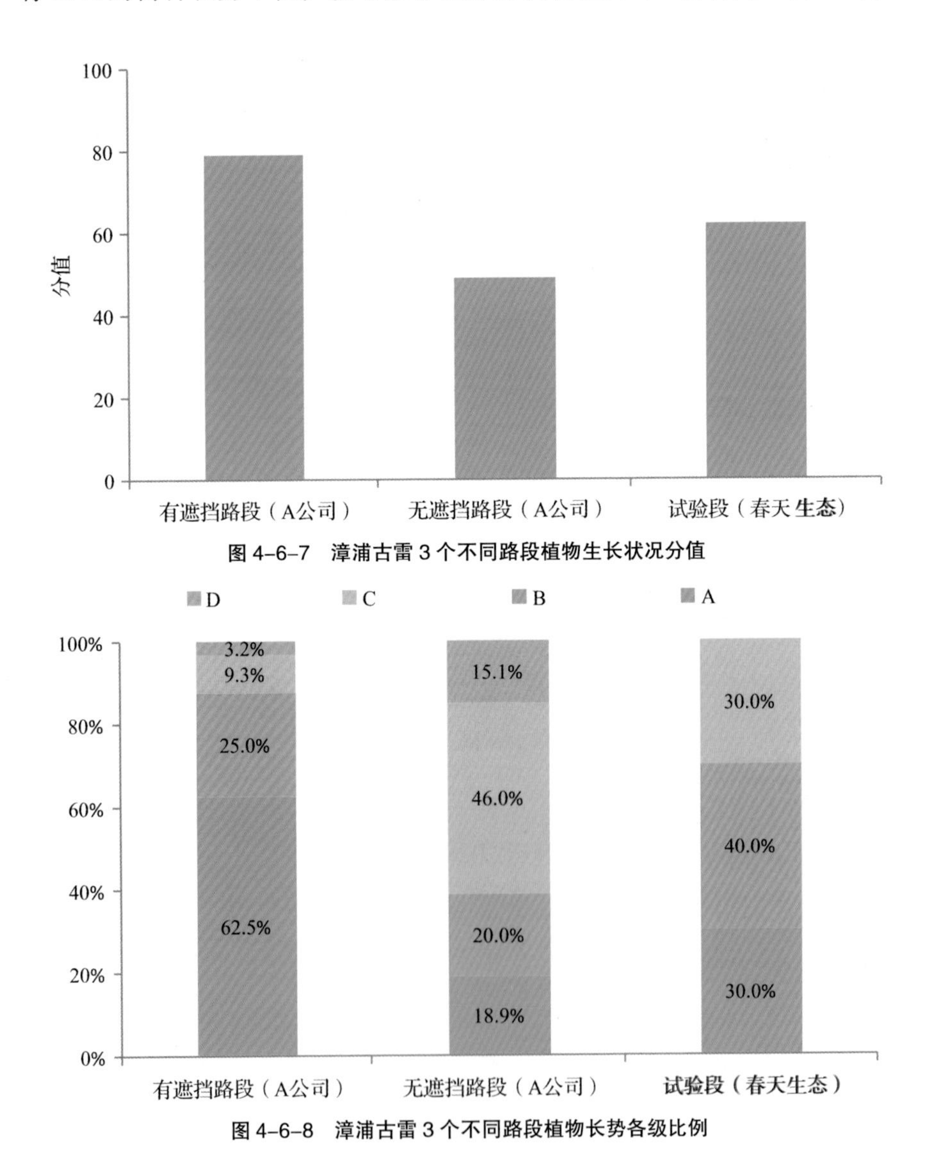

图 4–6–7　漳浦古雷 3 个不同路段植物生长状况分值

图 4–6–8　漳浦古雷 3 个不同路段植物长势各级比例

的问题。但 A 公司绿化的无遮挡路段达到 B 级的比例仅为 38.9%，远低于春天生态绿化路段，主要原因是 A 公司大部分树种选择不当。因此，该地绿化的首要任务就是防护林的构建并进行合理的植物筛选与配置，可适当“牺牲”一些树种作为先驱者，为后续植物的生长发育创造空间。

因评级的标准是植物总体的平均分，但种之间存在一定的差异，故筛选了有遮挡路段和无遮挡路段都种植的树种进行了更深入的分析（图 4-6-9）。

由图 4-6-9 可知，对于栽培的同一树种，有遮挡路段植物长势都好于无遮挡路段，但每个树种抗风及耐盐雾能力差别大，在不同的路段表现也不同。对于耐盐雾能力较弱的树种如大腹木棉，有遮挡路段的长势远远好于无遮挡路段；而耐盐雾能力强的树种如南洋杉、木麻黄在两个路段长势差别不大。此外，黄槿属强耐盐雾树种，但长势却异常差（无遮挡路段），问题可能在于反季节种植。

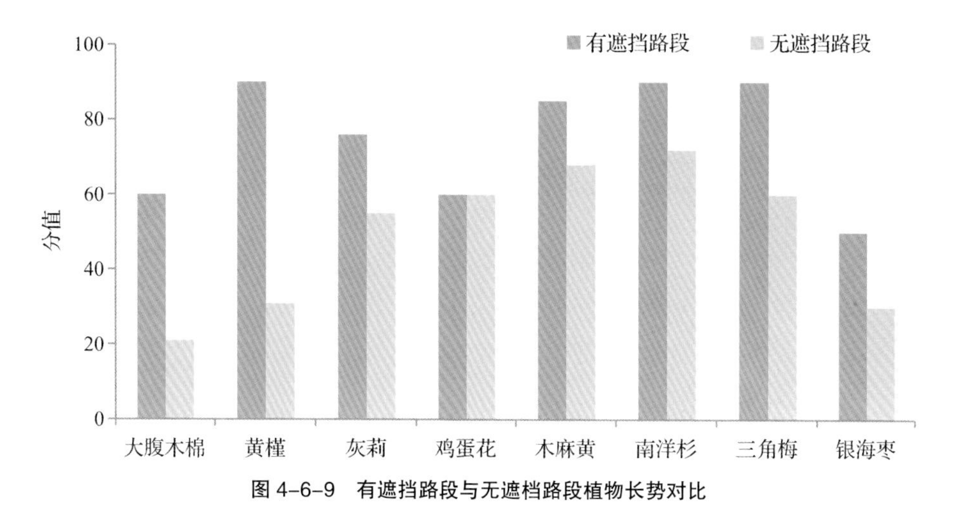

图 4-6-9　有遮挡路段与无遮档路段植物长势对比

（二）中间绿化隔离带乔木长势评估

图 4-6-10 所示为项目地中间绿化隔离带植物长势情况。A 公司所选用的乔木分值普遍都低于 40 分，其中大花紫薇、蓝花楹、凤凰木、羊蹄甲、秋枫、火焰木、垂榕都已接近死亡，显然它们并不适合在此项目地种植，而糖胶树、菩提树、加拿利海枣、刺桐、高山榕等也不适宜种植在海岸迎风面的第一线。

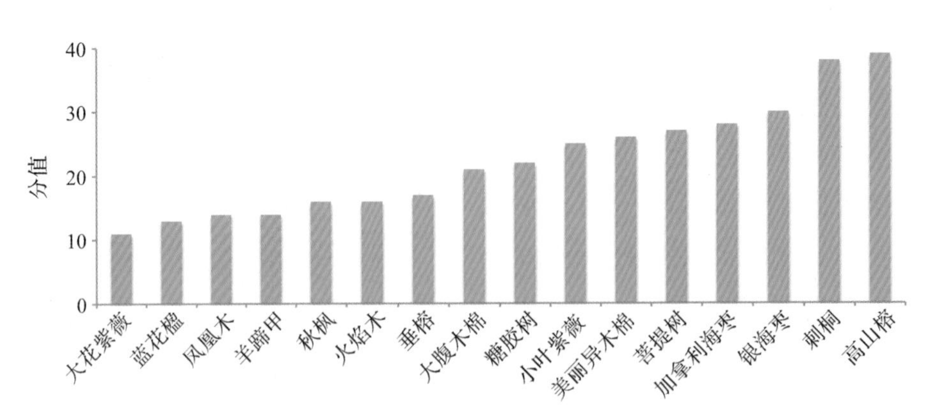

图 4-6-10　漳浦古雷公路 A 公司绿化路段乔木长势分值

（三）古雷项目地绿化效果不佳原因分析

通过对古雷项目地 A 公司施工的绿化路段以及春天生态试验区植物长势的评估，说明古雷项目区的道路绿化效果不佳，这是由恶劣的自然环境及配套措施不到位等因素造成的，具体如下所述。

1. 盐雾危害大

项目区属沙地海岸，相当一部分工程与海岸平行，最近的距离仅 100 m。植物多叶尖叶缘枯焦且迎风面植株常呈旗形树冠，符合受盐雾危害的典型症状（图 4-6-11）。而耐盐雾能力相对较强的长春花，靠陆侧的长势良好，靠海侧的接近枯死（图 4-6-12），但它们的根系长势相近（图 4-6-13），故我们测定了旱季时绿化带 4 个土层的土壤含盐量（0 m，0.2 m，0.4 m 和 0.6 m），结果显示各土层的含盐量分别为 0.414‰，0.352‰，0.273‰ 和 0.33‰，均属于脱盐土，因此可推断该地区沙地绿化最大的障碍在于空气中的盐雾

图 4-6-11　受盐雾危害的菩提树和灰莉

危害，而非土壤盐分。此外，图 4-6-12 也反映了一个现象：海风先吹到的植物往往是“先驱者”，在这些先驱者背后的植物往往能够存活下来，哪怕是一点点的遮挡。

图 4-6-12　长春花受盐雾危害

图 4-6-13　长春花根系

福建省的东山、漳浦、龙海、石狮、惠安沿海一带都是重盐雾区，如与古雷项目地不远的漳州龙海隆教耐盐雾能力极强的木麻黄也表现出严重的盐雾危害，而且即使是距离海岸较远的有较强耐盐雾能力的华盛顿棕也不能幸免（图 4–6–14 和图 4–6–15）。

图 4–6–14　木麻黄受盐雾危害（福建漳州龙海隆教）

图 4–6–15　华盛顿棕受盐雾危害（福建漳州龙海隆教）

2. 树种选择及植物配置不当

项目人员对滨海区绿地景观植物种类选择和配置影响因素的考虑缺乏针对性。在滨海地区这种特殊环境，植物种的选择，不同树种的前后搭配、高低搭配，有无遮挡物和与海距离等都是影响植物长势的重要因素。但A公司所选用的主要树种很多并不适宜恶劣的海滨环境，如大花紫薇、蓝花楹、凤凰木、羊蹄甲、秋枫、火焰木、垂榕等。针对春天生态试验区的树种需更换的有秋枫、重阳木、蓝花楹，其余如南洋杉、红榕、火山榕、圆柏等都可以继续种植。

3. 缺乏完整的防护林

滨海地区风沙大，防护林的构建能在很大程度上减弱风力，营造一个相对适宜植物生长的海岸环境。但该项目地在海滨沙地的防护林已被完全破坏，不仅薄且稀，透风率大，防风效果差，大部分植物直接面临风沙和盐雾的威胁，故植物靠海侧有无木麻黄防护林或房屋遮挡形成的景观效果截然不同（图4-6-16和图4-6-17）。

图4-6-16　有木麻黄防护林遮挡绿化效果

图 4-6-17　无防护林遮挡绿化效果

4. 缺乏配套的工程措施

项目地自然条件极端恶劣，仅通过耐盐绿化植物资源的筛选和利用不能完全解决问题，无论景观效果还是恢复周期都无法满足项目业主的要求，必须结合一定的工程措施。

A 公司整体绿化效果不佳是其未充分意识到该地区自然条件的恶劣性，除使用护木固定来增强植物的抗风性，无其他防风沙措施。但在滨海沙地植被恢复过程中，防风沙技术非常关键，设置合理的风障能在很大程度上减弱风沙盐雾对植物的侵害，尤其在苗木移植初期可大大提高其存活率。春天生态在这点上考虑得比较充分，通过在试验区外围靠海侧设置 1 m 高左右的风障来减弱风沙（图 4-6-18 和图 4-6-19），故其植物长势远远好于 A 公司施工路段。

图 4-6-18　利用风障减弱风速

图 4-6-19　利用风障减弱风速

5. 苗木反季节种植

现今园林设计中存在较多误区，在设计过程中盲目追求速度和档次，苗木移植常常选择在旱季或秋冬季最不适宜植物生长的季节，这直接影响到植物的长势（图 4–6–20 和图 4–6–21）。

图 4–6–20　黄槿

图 4–6–21　黄槿

三、建议——绿化应是针对沙地的植被恢复

该项目地立地条件恶劣，风大、干旱且盐雾危害严重，基本是海沙土、滨海风沙土、沙质土，绿化施工难度极大，故常规的园林绿化并不适宜此地，必须针对其实际自然环境及地理位置，进行适宜的沙地绿化方可成功。

因此，根据对项目地植物生长状况的评估及跟踪监测，针对植物种类选择、防护林构建、工程措施的运用及绿化施工时间等提出几条可行性的意见和建议，具体如下所述。

（一）重视耐盐雾植物的筛选及配置

建议充分重视古雷项目的盐雾问题，将耐盐植物的筛选与运用，从耐土壤来源的盐为主转向耐空气来源的盐为主；在选用树种时，应优先采用耐盐雾、抗风、耐干旱的植物。通过现场调研及后期分析，对于项目地树种的选择及配置的建议如下：

（1）选择适宜的乔灌木树种或品种作为骨干树种或基调树种，是滨海地区绿化造林的重中之重，如木麻黄、南洋杉可以作为骨干树种，搭配如橡皮榕、黄槿、水黄皮作为一线树种；糖胶树、菩提树、加拿利海枣、刺桐、高山榕等可以种植于二三线区域中。

（2）灌木和低矮棕榈植物，海桐、火山榕、红榕可以种植在一线区域；黄心梅、翠芦莉、栀子花、黄花双荚槐、苏铁、丝兰和万年麻适合在二三线区域，同时可增加千头木麻黄、草海桐、露兜树、扇叶露兜树、黑金刚、布迪椰子、刺葵、银毛树、滨柃等强耐盐雾植物。另外，作为地被植物的长春花可以继续保留。

（二）重视防护林的构建

首先建议在滨海沙地依据实际立地条件构建完整的木麻黄防护林，使植物无须直接面对强风和盐雾的威胁。木麻黄防护林虽然景观效果不够理想，但在防风固沙、营造小气候等方面具有不可替代的作用。

对于木麻黄景观效果不佳导致绿化带景观层次差的问题，可在道路两侧种植一定宽度的木麻黄防护林并将木麻黄防护林的宽度作为一个调控因素，环境恶劣的地段木麻黄防护林带可以宽一些，甚至全部是木麻黄防护

林；一些环境稍好的地段如有建筑物遮挡的地段，少种甚至不种木麻黄，增加绿化带宽度，从而达到增加层次感的目的。

（三）重视工程措施保障——风障

在重视绿化植物种类的选择与配置的同时重视工程防护，利用围网、建筑物、喷水等措施来减弱风沙。当地入秋至次年春季，东北季风带来的强风和盐雾对绿地植物危害较为严重，因此可在沿海受东北风影响大的风口绿化带设置风障以阻挡或减弱季风。风障可分为临时性和永久性两种，永久性风障是用抗风性强的植物逐步形成生物风障。风障的设置时间宜在每年东北风到来之前的 9—10 月，这可有效地提高苗木的成活率。

（四）注意绿化施工时间，尽可能避免反季节施工

滨海沙地环境具有干旱、贫瘠、高温等不利条件，夏季土壤蓄水保水能力差，且风速大、蒸发强，较易造成干旱，若此时移植苗木，则苗木很容易受到伤害。同时尽量避免在东北季风盛行的秋冬季种植苗木，因秋冬季来自于海洋的东北风不仅风速大，还携带了大量盐雾。

因此，如果春夏季植物不能进行足够长时间的生长，积累足够的能量和营养，秋冬季经过盐雾的破坏之后，翌年恢复生长的能力大大下降，从而逐年衰退。这也是古雷已有绿化植物受盐雾危害后不是马上致死，而是逐年衰退最终死亡的原因，故雨季种植是沙地绿化的原则。

（五）苗木繁育技术研究及繁育基地建设

选择一部分耐盐雾树种进行扩繁技术研究，在项目地就近建立繁育基地，增强苗木的环境适应能力。同时，就近供应绿化工程所需的各类苗木，可锻炼苗木的耐盐雾能力，减少苗木损伤。

四、依建议实施后的绿化效果

在完成了对项目地的评估后，春天生态在采纳了上述建议并经过一年多的摸索和不断的技术改良，在树种的选择、配置以及工程防护等方面有了较大的提升，并取得了一定的效果（图 4–6–22～图 4–6–25）。

图 4-6-22　绿化效果

图 4-6-23　绿化效果

图 4-6-24　绿化效果

图 4-6-25　绿化效果

五、启　发

古雷的立地条件极端恶劣，按常规的绿化方法并不可行，应当从耐盐雾植物的选择与配置入手，重视苗木的来源并加强后期的管护。现今在强盐雾区的园林绿化，无论是绿化植物种类选择、苗木供应，还是种植技术、管护技术等方面都缺乏成套的技术体系，涉及海岸植物的应用开发及海岸景观营造方面甚少，这应该引起建设单位、设计和施工单位的充分重视。

第五章　南方滨海沙生植物资源

本章重点介绍我国浙江以南（含浙江）滨海沙生植物资源，增加了一些可以在滨海沙地生长且在防风固沙、观赏及沿海防护林建设中具有现实或潜在应用价值的种类。每一物种涉有中文名、学名、别名，重点介绍其在滨海沙地的位置，并对其特点和应用做了简要说明。受篇幅限制，物种分布范围仅涉及浙江以南省区，生境仅涉及海岸地区。

考虑到大部分读者缺乏植物系统分类基础，种类排序没有按照植物系统演化顺序，同时从应用角度出发，先粗分为草本、灌木和乔木，每一类再按科名汉语拼音排序，同一科的植物放在一起。

沙地上的琉璃繁缕（福建平潭龙凤头）

沙地上的琉璃繁缕（福建漳浦火山口）

琉璃繁缕

Anagallis arvensis Linn.

别名：海绿、四念癀、龙吐珠。

报春花科一年生或二年生草本。

滨海沙荒地常见。

虽植株娇小，但碧绿的身躯、绝佳的色彩搭配（琉璃色泽的蓝色花瓣、鲜黄色花药和紫红色的花冠中心，偶有橘黄色花瓣），使其在滨海沙荒地显得十分抢眼，是良好的地被植物。鲜草绞汁内服，渣敷患处，可治毒蛇或狂犬咬伤，但全草有毒，勿过量服用。

分布：浙江、福建、广东、广西、海南、香港和台湾。常见。

海岸沙地木麻黄林下的山菅兰（福建平潭龙凤头）

山菅兰

Dianella ensifolia (Linn.) DC.

别名：山猫儿、山大箭兰。

百合科多年生草本植物。

常见于基岩海岸浪花飞溅区、海岸迎风面山坡以及滨海沙地木麻黄防护林林隙。

适应性强，无病虫害，株形优美，花色优雅，浆果深蓝色，具较高的观赏价值，是滨海沙地园林绿化的优良植物，在没有潮水直接淹及的海岸沙地，均可种植。全株有毒。

分布：浙江、福建、广东、广西、海南、香港和台湾。常见。

基岩海岸上的山菅兰（浙江平阳南麂岛）

海岸沙地木麻黄林缘的蓖麻（福建厦门环岛路）

海岸沙地最前沿的蓖麻（福建厦门环岛路）

蓖麻

Ricinus communis Linn.

别名：蓖麻子。

大戟科一年生草本或草质灌木（华南地区为多年生）。

海岸沙地二线植物，常见于马鞍藤、老鼠艻后缘，在红树林林缘和海堤也可见其踪迹。

适应性强，对土壤要求不严，病虫害少，生长迅速，可作为新填海造陆地土壤熟化培肥的先锋植物。叶片可养蚕。果实可榨油，为世界十大油料作物之一，蓖麻油是航空航天领域最重要的润滑油。蓖麻籽有毒。

分布：原产地可能在非洲东北部的肯尼亚或索马里，现广布于世界各地，华南和西南地区常逸为野生。常见。

海堤上的蓖麻（福建泉州湾）

海岸沙地上的地杨桃（海南乐东佛罗）

地杨桃

Microstachys chamaelea (Linn.) Müll. Arg.

别名：色巴木、荔枝草、坡荔枝。

大戟科多年生直立或匍匐草本。

海岸带与海岛特有植物，偶见于海岸半流动沙丘。

全株药用，海南民间广泛用于治疗眩晕和头痛。

分布：广东、广西、海南、香港和台湾。常见。

海岸沙地上的地杨桃（海南三亚铁炉港）

高位珊瑚礁缝隙中的鹅銮鼻大戟（台湾垦丁风吹沙）

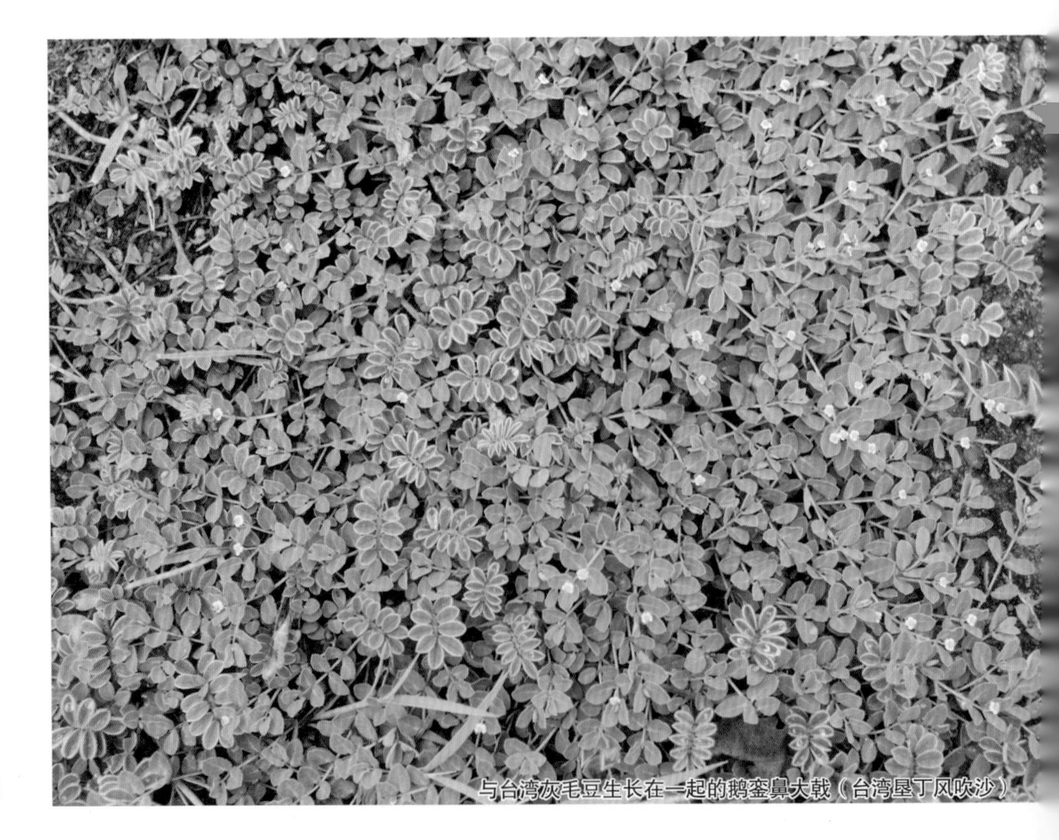
与台湾灰毛豆生长在一起的鹅銮鼻大戟（台湾垦丁风吹沙）

鹅銮鼻大戟

Euphorbia garanbiensis Hayata

大戟科多年生草本。

生长在珊瑚礁、沙地和沿海草地上。

生命力强，耐沙埋，根系发达，是值得开发的固沙植物，目前已有引种栽培。

分布：台湾特有种，台湾恒春（鹅銮鼻）。稀少。

海岸沙地的海滨大戟（海南乐东莺歌海）

珊瑚砂上的海滨大戟（西沙七连屿南沙洲）

海滨大戟

Euphorbia atoto G. Forst.

别名：滨大戟、咸花生。

大戟科多年生匍匐草本。

海岸沙地特有植物。为海岸沙地最前沿的草本植物，常与马鞍藤、海滨莎、蒭雷草和文殊兰等生长在受强海风吹袭的后滨沙地。也可以在珊瑚礁海岸石隙生长。

喜光不耐阴、耐旱、耐瘠、耐高温，对海岸环境具有极强的适应能力。目前尚未有其应用的报道。

分布：广东、海南、香港和台湾。少见。

珊瑚礁碎屑上的海滨大戟（西沙七连屿）

海岸沙地上的海滨大戟（西沙七连屿中沙洲）

沙地叶下珠

Phyllanthus arenarius **Beille**

大戟科多年生草本。

典型海岸沙地植物，常见于海岸风沙带。

野外资源少，没有其应用的报道。

分布：福建、广东和海南。少见。

海岸沙地前沿的滨豇豆群落（海南万宁大洲岛）

海岸沙地前沿的滨豇豆群落（台湾台北富贵角）

滨豇豆

***Vigna marina* (Burm.) Merr.**

别名：豆仔藤。

豆科多年生匍匐或攀缘草质藤本。

海岸沙地特有植物，为海岸沙地的先驱植物，以细长的蔓茎覆盖沙地或石砾地，常与海刀豆、马鞍藤等组成海岸沙地最前沿的植物群落。有时也攀附于其他较矮小的植物。

根与根瘤共生，具改良土壤之效，茎叶粗壮，分蘖力强，花朵艳丽，为极佳的海岸沙地绿化防风固沙植物。

分布：广东、海南、香港和台湾。少见。

海岸沙地上的滨豇豆（台湾垦丁大街）

海岸沙地上的长管蝙蝠草（海南乐东莺歌海）

长管蝙蝠草

Christia constricta (Schindl.) T. C. Chen

别名：蝴蝶草、半边月。

豆科多年生平卧草本或亚灌木。

海岸沙地特有植物，常见于海岸固定沙丘及刺灌丛。

全株入药，用于跌打瘀肿、风湿骨痛、肺结核咳嗽、蛇虫咬伤、痈疮等。

分布：广东和海南。少见。

海岸沙地上的长管蝙蝠草（海南三亚青梅港）

海岸沙地刺灌丛中的吊裙草（海南三亚湾）

吊裙草

***Crotalaria retusa* Linn.**

别名：凹叶野百合、海岸野百合。

豆科亚灌木状草本。

常见于海岸风沙带固定或半固定沙丘，一般在马鞍藤的后缘。在海南三亚，吊裙草与老鼠艻、仙人掌等组成海岸沙地最前沿的灌草丛。

花期长，花色艳丽，果形奇特，是很好的诱蝶植物，更是海岸沙地良好的绿化植物。种子有毒。

分布：广东、广西、海南、香港和台湾。福建有引种。偶见。

海岸沙地灌草丛中的吊裙草（海南昌江棋子湾）

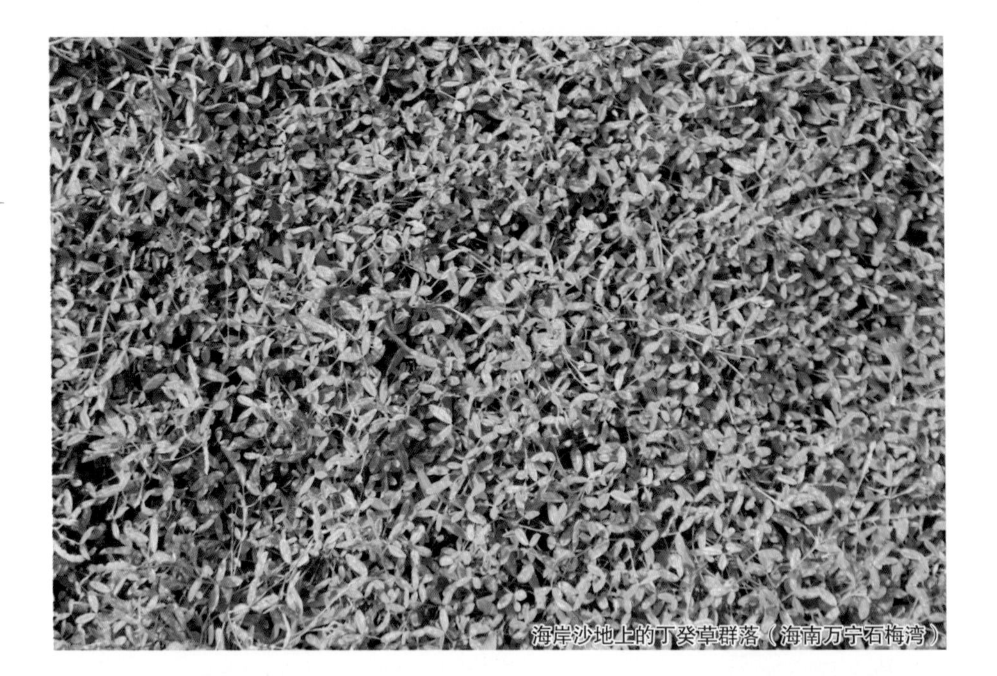
海岸沙地上的丁癸草群落（海南万宁石梅湾）

海岸沙地上的丁癸草（福建平潭大屿岛）

丁癸草

***Zornia diphylla* (Linn.) Pers.**

别名：人字草、铺地锦、苍蝇翅、丁贵草。

豆科多年生披散或直立矮小草本。

海岸常见植物，多生长于低海拔的海岸山坡草丛和沙地，从浪花飞溅区上缘到海拔 200 m 山坡均有分布。

水肥充足条件下生长速度快，枝叶繁茂，叶色翠绿，盛花期花姿及花色均较为亮丽，适用于滨海高档住宅区庭院地被植物。全草药用，具有清热、解毒、去瘀的功效，用于治疗感冒、肠胃炎、肝炎、痢疾、小儿惊风、颈淋巴结炎等。枝叶营养丰富，是优良的饲用植物。

分布：浙江、福建、广东、广西、海南、香港和台湾。常见。

海岸沙地上的鹅銮鼻野百合（台湾垦丁风吹沙）

鹅銮鼻野百合

Crotalaria similis **Hemsl.**

别名： 屏东猪屎豆。

豆科多年生匍匐低矮小草本。

海岸特有植物，常见于海岸沙荒地及面海珊瑚礁缝隙。

分布： 台湾特有种（恒春半岛）。偶见。

海岸沙地上的鹅銮鼻野百合（台湾垦丁风吹沙）

生长于海岸砾石堆中的海滨山黧豆（福建宁德大嵛山岛）

海岸沙地前沿的海滨山黧豆（浙江象山松兰山）

海滨山黧豆

Lathyrus japonicus Willd.

别名：海边香豌豆、海滨香豌豆、滨豌豆、野豌豆。

豆科多年生半匍匐草本。

海岸带或海岛特有植物，盐碱土指示植物，常见于后滨沙地外缘、海滨沙质草甸土，常在海岸沙地形成大面积单一群落。

适应性广、根系发达、再生能力强、生长迅速、植株繁茂、花色鲜艳，是中亚热带和温带地区优良的海岸沙地绿化植物。

分布：浙江常见，福建稀少。

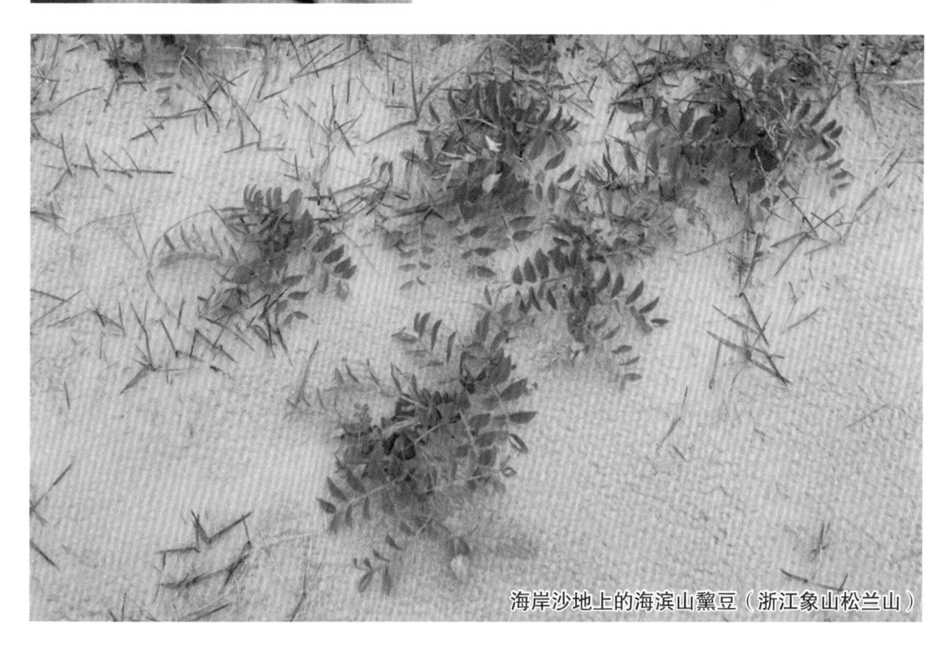

海岸沙地上的海滨山黧豆（浙江象山松兰山）

海岸沙地上的海刀豆（海南三亚）

海刀豆

Canavalia rosea (Swartz) Candolle

别名：滨刀豆（台湾）。

豆科多年生攀缘或匍匐状藤本。

典型海岸植物，是海岸沙地分布最广、最前沿和最有代表性的植物之一，亦常见于红树林林缘、鱼塘堤岸，有时攀缘于海岸沙地灌丛。

耐沙埋，蔓茎扩张速度快，是优良的防风固沙植物和滨海地区园林绿化植物。种子有毒。

分布：福建、广东、广西、海南、香港和台湾。常见。

海岸沙地的海刀豆（台湾高雄旗津）

海岸沙地上的链荚豆（海南乐东莺歌海）

海岸沙地前沿的链荚豆（广西北海银滩）

链荚豆

Alysicarpus vaginalis (Linn.) Cand.

别名：蓼蓝豆、单叶草、水咸草。

豆科多年生草本。

从海岸半固定沙丘到海岸林林隙均可见其踪迹，常在水热条件较好的海岸沙地后缘形成大面积草丛。

适应性强，枝叶茂密，是滨海沙荒地优良的地被观赏植物，也是优良的牧草和绿肥植物。全草药用，可治疗刀伤和骨折。

分布：福建、广东、广西、海南、香港和台湾。常见。

生长于珊瑚礁上的卵叶灰毛豆（台湾垦丁风吹沙）

海岸沙埋的卵叶灰毛豆（台湾垦丁风吹沙）

卵叶灰毛豆

Tephrosia obovata Merr.

别名： 台湾灰毛豆、红花灰毛豆。

豆科多年生矮小草本。

匍匐生长于裸露的沙岩中。生命力强，逆境下叶片肉质化程度高，半沙质的海边荒地、珊瑚礁碎石滩、礁石缝隙里均可生长。

分布： 台湾（澎湖列岛、恒春半岛）。偶见。

海岸沙地上的卵叶灰毛豆和鹅銮鼻大戟草丛（台湾垦丁风吹沙）

海岸砾石滩上的蔓草虫豆（海南三亚小东海）

蔓草虫豆

Cajanus scarabaeoides (Linn.) Thou.

别名：止血草、地豆草。

豆科蔓生或缠绕状草质藤本。

海岸常见植物，多生长于干旱的海岸迎风面山坡灌草丛、基岩海岸石缝和风化的沙砾堆，也可以在强盐雾的海岸固定沙丘生长。

叶入药，主治伤风感冒、风湿水肿等，外用治外伤出血。

分布：福建、广东、广西、海南、香港和台湾。常见。

海岸沙地上的蔓草虫豆（福建漳州龙海火山口）

海岸沙地上的小刀豆苗（福建厦门环岛路）

小刀豆

Canavalia cathartica Thou.

别名：野刀板豆。

豆科二年生、粗壮、草质藤本。

典型海岸植物，除海岸沙地外，在鱼塘堤岸和红树林林缘常见，也可以攀缘于水分条件较好的海岸灌木林中。

耐沙埋，蔓茎扩张速度快，是优良的防风固沙植物，也是优良的滨海地区园林绿化植物。种子有毒。

分布：产于我国广东、海南、台湾。生于海滨或河滨，攀缘于石壁或灌木上。热带亚洲广布，大洋洲及非洲的局部地区亦有。

相思子

Abrus precatorius **Linn.**

别名：相思豆、红豆、美人豆、相思藤、鸡母珠。

豆科多年生落叶藤本。

海岸风沙带刺灌丛或稀疏的海岸林常见的攀缘植物。

种子一半红一半黑，供制工艺品。种子剧毒。

分布：福建、广东、广西、海南、香港和台湾。常见。

海岸沙地上的烟豆群落（福建平潭王爷山）

烟豆

Glycine tabacina (Labill.) Benth.

别名：一条根、澎湖大豆、尖叶一条根。

豆科多年生匍匐草本。

海岸带与海岛特有植物，为海岸沙地草本植被演替中期植物，多见于马鞍藤等先锋植物后缘的后滨沙地和风沙带，也可以在多木麻黄林缘空旷沙地生长。此外，也常见于海岸迎风面草坡。

主根粗壮，只有一条主根直伸入土并少有支根或须根，为金门特产“一条根”产品的主要原料，民间常用于治疗风湿关节炎和降血压。国家二级重点保护野生植物。

分布：福建、广东和台湾。我国台湾澎湖常见植物，澎湖大豆由此得名。台湾金门和澎湖有栽培。福建平潭至漳州一带海岸常见。

海岸沙地前沿的铺地刺蒴麻（西沙七连屿南沙洲）

铺地刺蒴麻

Triumfetta procumbens G. Forst.

别名：匍匐刺蒴麻、匍地垂桉草。

椴树科木质草本。

海岸带与海岛特有植物。在我国南海诸岛，铺地刺蒴麻见于由珊瑚和贝壳碎片堆积而成的海岸沙地，它既可以与细穗草等分布于海岸沙地最前沿，也可在草海桐或银毛树灌丛的空隙中生长。从海岛植被演替看，铺地刺蒴麻与细穗草、海滨大戟、草海桐、银毛树等均是新生沙洲最先出现的植物种类。

分布：东沙群岛、南沙群岛和西沙群岛。常见。

与银毛树共生在海岸前沿的铺地刺蒴麻（西沙七连屿南沙洲）

海岸沙地上与绢毛飘拂草及土丁桂生长的秃刺蒴麻

秃刺蒴麻

***Triumfetta grandidens* var. *glabra* R. H. Miao ex Hung T. Chang**

椴树科多年生木质草本。

海岸半固定沙丘、海岸沙地刺灌丛及木麻黄防护林林隙。其茎皮纤维可作绳索及织物。全株可供药用，辛温，消风散毒，可治毒疮及肾结石。

分布：海南和西沙群岛。少见。

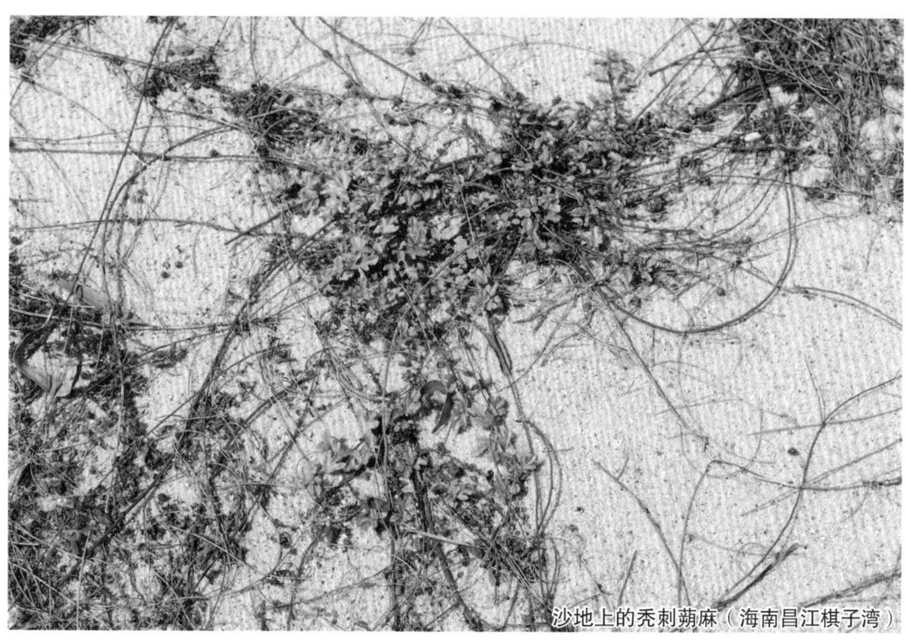

沙地上的秃刺蒴麻（海南昌江棋子湾）

海岸沙地前沿的短剑（澳大利亚昆士兰州黄金海岸）

短剑

Carpobrotus acinaciformis L. Bolus

别名：酸无花果、猪脸花。

番杏科多年生常绿匍匐草本。

海岸沙地特有植物，从后滨最外缘的半流动沙丘到海岸风沙带木麻黄林中均有分布，是澳洲东海岸最靠近海水的海岸沙生植物之一。

生长速度快，花色艳丽，栽培容易，不耐踩踏，嫩叶翠绿，老叶红褐色，是非常优秀的海岸固沙植物和沙地绿化植物。果酸甜可食。

分布：原产澳大利亚东海岸，福建南部有引种。

海岸沙地前沿的短剑（澳大利亚昆士兰州黄金海岸）

海岸沙地上的番杏（福建晋江玷头防护林场）

海岸沙地最前沿的番杏（澳大利亚昆士兰州黄金海岸）

番杏

***Tetragonia tetragonioides* (Pall.) Kuntze**

别名：法国菠菜、新西兰菠菜。

番杏科一年生肉质草本植物。

典型海岸植物，在后滨沙地、鱼塘堤岸甚至基岩海岸高潮线以上的石缝中都可以找到其踪迹。

易栽培，极少病虫害，叶形如菠菜，因而又名洋菠菜、新西兰菠菜。药理研究表明，常食番杏对于肠炎、败血病、肾病等具有较好的缓解病痛的作用，是一种不可多得的药食两用保健蔬菜。

分布：浙江、福建、广东、广西、海南、香港和台湾。常见。

番杏是药食两用植物

海岸沙荒地上的假海马齿（海南东方昌化江口）

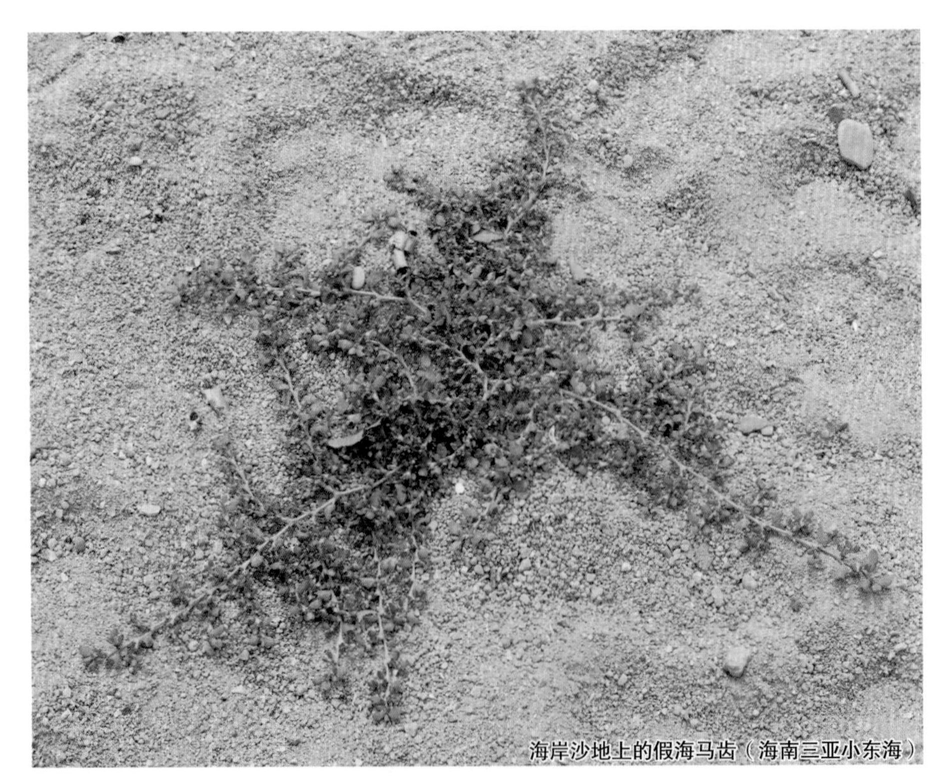
海岸沙地上的假海马齿（海南三亚小东海）

假海马齿

Trianthema portulacastrum Linn.

别名： 沙漠似马齿苋。

番杏科一年生或多年生匍匐或斜升草本。

典型海岸植物，多分布于盐田、鱼塘堤岸、沙地、红树林林缘等。

适应性广，生命力强，嫩茎叶多汁可食。

分布： 广东、广西、海南和台湾。少见。

半固定沙丘上的无茎粟米草群落（海南东方黑脸琵鹭自然保护区）

无茎粟米草

***Mollugo nudicaulis* Lam.**

别名：裸茎粟米草。

番杏科一年生矮小草本。

典型海岸植物，常见于后滨沙地外缘，偶见于海岸风沙带空旷草地。

光合作用C同化途径非常独特（同一个体的嫩叶属C3途径，老叶属C4途径，中部叶片则属中间类型），已经成为研究光合作用的模式植物之一。

分布：海南文昌、三亚、乐东、东方、儋州和西沙群岛。少见。

海岸沙地上的无茎粟米草（海南乐东莺歌海）

海岸沙地最前沿的海马齿（澳大利亚昆士兰州黄金海岸）

海岸沙地上的海马齿群落（海南东方四必湾）

海马齿

Sesuvium portulacastrum (Linn.) Linn.

别名： 猪母菜、滨水菜。

番杏科多年生匍匐草本。植株形态与马齿苋相似，由于其生长于海边，故名海马齿。

典型海岸植物，对海岸环境具有广泛的适应性，耐旱也耐水湿，多生长于沿海地区的鱼塘堤岸、海岸流动沙丘、泥滩或岩砾地。

生命力超强，不择土壤，可不断蔓延，形成地毯状的地被，冬季全株转红，是防风固沙、护岸的良好植物。厦门大学黄凌风教授利用海马齿研发的海水浮床对封闭海湾的水体净化显示出很好的效果。

分布： 福建、广东、广西、海南、香港和台湾。常见。

西沙群岛沙地上的海马齿（西沙七连屿）

海岸沙地上的凤瓜群落（海南文昌海南角）

凤瓜

Gymnopetalum integrifolium (Roxb.) Kurz

别名： 光金瓜、金瓜、老鸦瓜、山金瓜、山西瓜、吊吊瓜。

葫芦科一年生攀缘或匍匐草本。

常攀缘于露兜树、仙人掌等滨海刺灌丛，也常见于后滨沙地。

适应性强，叶形奇特，果色鲜艳，在肥水供应充足的情况下，生长迅速，是良好的海岸沙地绿化植物。泰国民间常用中草药，作为通便剂。

分布： 广东、广西和海南。偶见。

攀缘于露兜树上的凤瓜（海南三亚湾）

海岸沙地上的凤瓜（海南乐东佛罗）

海岸沙地最前沿的白茅（澳大利亚昆士兰州黄金海岸）

海岸山坡上的白茅群落（福建漳浦火山口）

白茅

***Imperata cylindrica* (Linn.) Raeu.**

别名：白芒、茅草、茅仔草、茅夷。

禾本科多年生草本，具发达匍匐根茎。顶生圆锥花序外围环绕长的白色丝状毛，白茅由此得名。

海岸沙地常见植物。马鞍藤等先锋植物定居一段时间后，白茅进入，并常替代先锋种演替为单优势群落，或与其他种一起组成双优势群落，成为沙地前缘的第一线植被。白茅还可独自或多或少或分散或聚生于沙地后缘半固定或固定的沙丘。

白茅是农田中难以除尽的杂草，也是极佳的水土保持植物和防风固沙植物。茎及嫩花穗可生食，地下茎被称为“茅根”是常用的凉茶原料。

分布：广泛分布于东半球热带、亚热带和温带地区。常见。

海岸沙地前沿的马鞍藤和白茅（海南海口东寨港塔市）

海岸沙地前沿的蒭雷草（海南万宁大洲岛）

蒭雷草、细穗草与黄细心属植物（西沙七连屿）

蒭雷草

Thuarea involuta **(G. Forst.) R. Br. ex Smith.**

别名：滨箬草。

禾本科多年生匍匐草本。

典型海岸植物，多生长于后滨沙地外缘的流动沙地及珊瑚礁岩缝中，常与马鞍藤、匐枝栓果菊等组成海岸沙地最前沿的植物群落。

适应性强，水分充足时，生长速度快，是一种值得推广的草坪地被植物。

分布：广东、海南、香港和台湾。少见。

蒭雷草和匐枝栓果菊（海南万宁大洲岛）

海岸沙地上的沟叶结缕草（福建龙海火山口）

海岸沙地上的沟叶结缕草群落（福建龙海火山口）

沟叶结缕草

Zoysia matrella (Linn.) Merr.

别名：马尼拉草。

禾本科多年生草本。

生态幅很广，从高潮带淤泥质滩涂到海堤，从后滨沙地内缘到干旱的流动和半固定沙丘，均可见其踪迹。在海南，沟叶结缕草常与老鼠艻、马鞍藤、匐枝栓果菊等组成海岸沙地最前沿的稀疏草丛。

根系发达，抗病性强，管理粗放，是滨海地区防风固沙的优良植物，更是广泛应用的优良暖季型草坪植物。

分布：浙江、福建、广东、广西、海南、香港和台湾。常见。

海岸沙地上的沟叶结缕草（海南文昌北峙岛）

海岸沙地前沿的狗牙根群落（福建厦门环岛路）

海岸沙地前沿的狗牙根（福建厦门环岛路）

狗牙根

***Cynodon dactylon* (Linn.) Pers.**

别名：百慕大草、绊根草。

禾本科多年生宿根性低矮草本。

海岸沙地最前沿植物，常见于潮水可淹及的海岸沙地、砾石滩和泥滩上，也可在泥质海堤上连片生长。

滨海地区优良的护堤和固沙植物。根状茎入药，具有解热利尿、舒筋活血的作用。

分布：广泛分布于南、北温带以及热带、亚热带地区。常见。

狗牙根草丛

海岸沙荒地上的红毛草群落（海南昌江棋子湾）

海岸沙地上的红毛草（海南乐东莺歌海）

红毛草

Melinis repens (Willd.) Zizka

别名：红茅草。

禾本科多年生草本。圆锥花序被粉红色长丝状毛，红毛草由此得名。

生长于海岸迎风面固定、半固定沙丘，常与马鞍藤、白茅草、滨豇豆等组成海岸风沙带最前沿植物。

花序飘逸，颜色鲜艳，在滨海沙地成片种植具有别样风采。繁殖能力和适应能力强，有些地区将其列为入侵植物。

分布：原产热带非洲，我国福建、广东、广西、海南、香港和台湾均有分布。常见。

海岸沙地木麻黄林缘的红毛草群落（海南昌江棋子湾）

马鞍藤草丛中的蒺藜草

海岸沙地前沿的蒺藜草（广西北海银滩）

蒺藜草

***Cenchrus echinatus* Linn.**

别名：刺壳草。

禾本科一年生草本。

典型海岸沙生植物，常与龙爪茅、绢毛飘拂草、单叶蔓荆、马鞍藤等组成后滨沙地最前沿的植物群落。

适应性强，生长繁殖速度快，耐修剪，是滨海地区防风固沙的优良植物。抽穗前期质地柔软，营养丰富，牛羊喜食。其刺苞可刺伤人和动物的皮肤，成为农田、果园和热带牧场危害严重的杂草，被环境保护部列入中国第二批外来入侵物种名单，也是海关检疫对象。

分布：原产美洲的热带和亚热带地区，我国浙江、福建、广东、广西、海南、香港和台湾均有分布。常见。

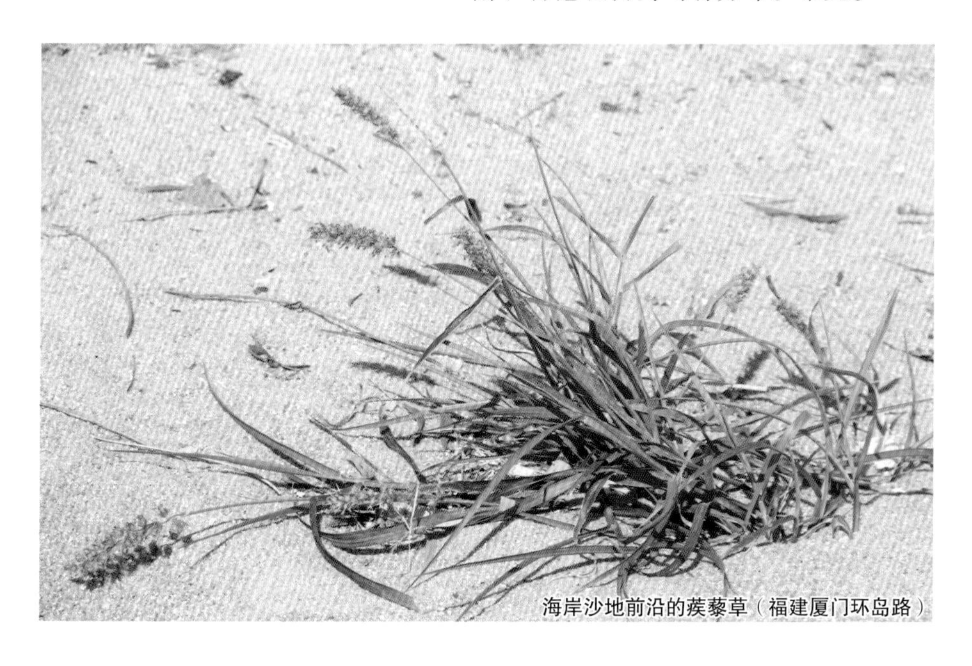

海岸沙地前沿的蒺藜草（福建厦门环岛路）

海岸沙地前沿的铺地黍（浙江平阳南麂岛）

海岸沙地上的铺地黍（福建平潭）

铺地黍

Panicum repens Linn.

别名：硬骨草、风台草、大广草。

禾本科多年生草本。

铺地黍是海岸流动和半流动沙丘的优势植物，多见于后滨沙地和前滨沙地，常与马鞍藤、海边月见草、老鼠艻等组成稀疏的海岸沙地植被，地上部具极强的空间占有性，常可遮盖其他低矮草本植物，易于在沙地形成单优势草丛或群落。

典型的水陆两栖植物，对环境具有广泛的适应性，不仅可以在干旱、瘠薄海岸沙地正常生长，在长期渍水、半淹乃至近全淹的环境下也可以正常生长。良好的固定堤坝和保持水土植物，在旱地常成为很难清除的恶性杂草。

分布：原产巴西，现广布于热带与亚热带地区。常见。

铺地黍是最靠近海水的沙生植物之一（海南乐东莺歌海）

海岸沙地上的老鼠艻（福建平潭）

老鼠艻是良好的固沙植物（海南海口东寨港北港岛）

老鼠艿

Spinifex littoreus (N. L. Burm.) Merr.

别名：鬣刺、腊刺、滨刺麦。

禾本科多年生匍匐性草本。雌花序穗轴针状，状似野兽颈上的鬣毛，鬣刺由此得名。

海岸沙地特有植物。植物体匍匐生长，具有不定根，适度沙埋能促其生长，稳定沙丘的功能强，在流动和半流动沙丘中成片生长，易形成小型不规则的植被前丘雏形，最外缘可分布至前滨沙地，是海岸沙地最前沿的植物之一。

形态奇特，针刺状叶片坚硬，常作为海岸沙地绿篱植物，也是。极为优良的防风固沙植物。

分布：浙江、福建、广东、广西、海南、香港和台湾。常见。

海岸前沿的老鼠艿（福建平潭流水镇）

海岸沙地前沿的龙爪茅（海南乐东莺歌海）

海岸沙地上的龙爪茅（海南昌江棋子湾）

龙爪茅

***Dactyloctenium aegyptium* (Linn.) Willd.**

别名：风车草、龙爪草。

禾本科一年生草本。穗状花序 2～7 个，呈指状排列，酷似神话中的龙爪，龙爪茅由此得名。

典型海岸植物，从海岸流动沙丘、半固定沙丘到固定沙丘均有分布，多为海岸风沙带第一线的草本植物。

花序形态独特，是很好的海岸绿化及固沙植物。叶量大，柔软而多汁，适口性好，牛羊喜食，是半干旱地区的优质牧草。

分布：全世界热带及亚热带地区均有分布。常见。

强盐雾海岸沙地上的龙爪茅（台湾高雄旗津）

海岸石缝中的细穗草（海南文昌石头公园）

西沙群岛沙地上的细穗草（西沙七连屿）

细穗草

Lepturus repens (G. Forst.) R. Br.

禾本科多年生丛生草本，秆坚硬，基部各节常生根或有时作匍茎状。

细穗草是一种很容易被忽视的小草，禾本科的出身，个头小，很难形成大面积的草丛，且仅见于极端干旱、瘠薄、高温和高盐的环境。它是一种典型的海岸植物，常见于后滨沙地、基岩海岸石缝或砾石堆。在海南万宁石梅湾滨海沙地，细穗草与马鞍藤等组成木麻黄林外的稀疏草丛。

目前没有开发利用的记录。

分布：海南和台湾。少见。

海岸最前沿的细穗草（西沙七连屿）

我国唯一的细穗草群落（西沙七连屿）

海岸沙地最前沿的盐地鼠尾粟（海南东方墩头）

海岸沙地上的盐地鼠尾粟草丛（海南东方墩头）

盐地鼠尾粟

Sporobolus virginicus (Linn.) Kunth

别名：针仔草、铁钉草。

禾本科多年生宿根草本。花序为紧缩的圆锥花序，似老鼠尾巴，常见于盐碱地，盐地鼠尾粟由此得名。

常成片生长于后滨沙地最外缘或滩肩脊上，也可生长于泥滩、堤岸及基岩海岸岩石缝隙中。在海南三亚、乐东、东方等地，盐地鼠尾粟与匐枝栓果菊、马鞍藤、老鼠艻等组成海岸沙地最前沿的稀疏草丛。

对环境有极强的适应力，繁殖能力强，生长迅速，常成片生长，质地柔软，蔓生如草坪，为优良的海岸防风固土植物。

分布：泛世界分布，我国华南沿海各地广泛分布。常见。

盐地鼠尾粟盐沼（广东湛江东海岛）

海岸沙地上的中华结缕草（浙江舟山）

中华结缕草

Zoysia sinica Hance

别名：盘根草、老虎皮草。

禾本科多年生草本。

海岸沙地特有植物，常成片生长于后滨的半流动沙丘和滩肩脊或沙堤斜坡上。

对环境适应性广，叶片密集、坚韧而富有弹性，耐践踏，耐修剪，寿命长，恢复力强，具有很强的护坡、护堤效益，是滨海地区良好的水土保持植物和草坪植物。国家二级重点保护野生植物。

分布：江苏、浙江、福建、广东、香港和台湾。少见。

强风海岸沙地上的中华结缕草（福建漳浦火山地质公园）

白凤菜

***Gynura formosana* Kitam.**

别名：肝炎草、白背天葵、龙凤菜。

菊科多年生直立草本。

多见于海岸风沙带，如海岸林外缘的沙地灌草丛、海岸林空隙、鱼塘堤岸，能与马鞍藤、匐枝栓果菊、蓊雷草等海岸一线植物伴生，但很少见于海岸半流动沙丘。

适应性强，繁殖简单，栽培容易，是海岸沙地绿化的优良植物。嫩茎叶可食，还可用于治疗肝炎、高血压等，是一种非常值得开发的药食两用野生蔬菜。

分布：浙江、福建、广东、广西、海南、香港和台湾有天然分布或人工栽培。

海岸刺灌丛中的白凤菜（广东湛江东海岛）

海岸沙地上的匐枝栓果菊（海南东方四必湾）

海岸沙地上的匐枝栓果菊（海南万宁大洲岛）

匍枝栓果菊

Launaea sarmentosa (Willd.) Kuntze

别名：蔓茎栓果菊。

菊科多年生匍匐草本。

海岸沙地指示植物，多生长于后滨沙地外缘的半固定沙丘上，也是滨海沙地最前沿的植物之一。

花期长，花色艳丽，匍匐茎节上生根，扩散能力强，易栽培，成活率高，是优良的海岸沙地绿化植物和防风固沙植物。

分布：福建、广东、广西、海南和香港。常见。

海岸沙地上的匍枝栓果菊（海南文昌铜鼓岭）

海岸沙地上的剪刀股（福建漳浦火山地质公园）

海岸沙地上的剪刀股（广东深圳南澳西涌）

剪刀股

Ixeris japonica (Burm. f.) Nakai

别名：细叶剪刀股、沙滩苦买菜。

菊科多年生草本。

见于海岸低湿地、沙地或近海的沙荒地，横走的匍匐茎长埋于沙地，有人将其作为具有较高含盐量土壤的指示植物。在福建漳浦火山地质公园和六鳌，剪刀股正常生长于强盐雾海岸高潮线上缘海岸沙地。可入药，具有清热解毒、利尿消肿的功效，用于治疗肺热咳嗽、喉痛、口腔溃疡、急性结膜炎、阑尾炎、水肿、小便不利等。根及嫩茎叶可作为野菜食用。

分布：浙江、福建、广东、广西、香港、台湾等。常见。

与假厚藤混生的剪刀股（台湾台北富贵角）

海岸沙地草丛中的蓟（福建龙海隆教）

海岸沙地木麻黄林下的蓟（福建平潭）

蓟

Cirsium japonicum Candolle

别名：山萝卜、大蓟、虎蓟、猫蓟、刺蓟、山牛蒡。

菊科多年生草本。

常见于海岸固定沙丘、基岩海岸浪花飞溅区石缝和迎风面山坡。

性强健，适应性强，无病虫害，叶形奇特，花大色艳，是滨海沙地绿化的优良植物。根入药，嫩茎可做蔬菜。

分布：浙江、福建、广东、广西和台湾。常见。

海岸沙地上的蓟（福建漳州浯垵岛）

珊瑚碎屑上的卤地菊（台湾澎湖）

卤地菊和假厚藤（福建漳浦火山地质公园）

卤地菊

Melanthera prostrata (Hems.) W. L. Wagn. et H. Robin.

别名：海滨蟛蜞菊、天蓬草舅。

菊科一年生或多年生匍匐草本。

典型海岸沙地植物，为海岸沙地最前沿的植物之一，常与马鞍藤、假厚藤、老鼠艻、匐枝栓果菊、单叶蔓荆等生长在一起，最前可分布于后滨沙地前沿。

茎节节生根，在水分充足的情况下生长迅速，是优良的海岸固沙植物。全株入药，具有清热解毒之功效。

分布：江苏、浙江、福建、广东、广西、海南、香港和台湾。常见。

海岸沙地前沿的卤地菊群落（福建漳浦前亭）

涨潮时海岸沙地上孪花蟛蜞菊群落（海南三亚大小洞天）

海岸最前沿的孪花蟛蜞菊群落（台湾台北富贵角）

蟛蜞菊

Wedelia biflora (Linn.) DC.

别名：大蟛蜞菊、双花海砂菊。

菊科多年生匍匐状或悬垂状的草本或亚灌木。头状花序常两两成对，孪花蟛蜞菊由此得名。

典型海岸沙地植物，常成片生长于海岸沙地防护林外侧沙地，被称为“沙滩的守护者”。

生长迅速，花色鲜黄，花期极长，有很强的扩展性，地被效果极佳，是极佳的护坡植物和海岸防风固沙植物。

分布：福建、广东、广西、海南、香港和台湾。常见。

海岸沙地上的南美蟛蜞菊（澳大利亚昆士兰州黄金海岸）

南美蟛蜞菊

Wedelia trilobata (Linn.) A. S. Hitc.

别名：三裂叶蟛蜞菊、美洲蟛蜞菊。

菊科多年生草本。

生境多样，从海边鱼塘排水沟两侧到海岸沙荒地再到海岸迎风面山坡均可见其踪迹。

适应性强，生长迅速，无病虫害，繁殖容易，叶色翠绿，花色金黄，花期长，作为城市绿化先锋地被植物、护坡植物和海岸固沙植物广泛栽培。

分布：原产美洲，20 世纪 70 年代作为地被植物引入，已被列为“世界上最有害的 100 种外来入侵物种”之一，现广泛分布于我国华南地区。常见。

海岸沙地上的南美蟛蜞菊（台湾台北富贵角）

海岸沙地最前沿的沙苦荬菜（福建平潭龙凤头）

沙苦荬菜

Ixeris repens (Linn.) A. Gray

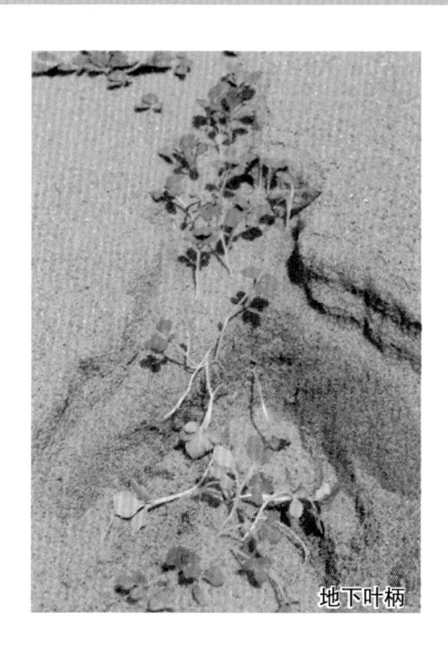
地下叶柄

别名： 匍匐苦荬菜、滨剪刀股。

菊科多年生草本，具绵长的地下匍匐茎，节上生根。

海岸沙地特有植物，多生长于后滨沙地，从流动沙丘至半固定沙丘均有分布，为海岸沙地最前沿的植物之一。

横生的根状茎埋于地下，小小的肉质叶片和花贴生于沙地表面，是最能体现海岸沙生植物特征的植物，也是优良的固沙植物。

分布： 东北南部、华北、华东和华南。常见。

海岸沙地上的沙苦荬菜

与单叶蔓荆、卤地菊和滨豇豆生长在一起的天人菊（台湾台北富贵角）

海岸沙地前沿的天人菊（福建平潭龙凤头）

天人菊

***Gaillardia pulchella* Foug.**

别名：虎皮菊、老虎皮菊。

菊科一年生草本。

对海岸沙地环境具有极强的适应能力，耐盐、耐旱、耐瘠、耐高温、耐沙埋。在福建平潭龙凤头，天人菊与铺地黍、海边月见草等成为强盐雾海岸沙地最前沿的植物。

适应性强，繁殖容易，栽培管理简单，花姿妖娆，花色艳丽，花期长，是海岸沙地极佳的绿化植物和防风固沙植物。

分布：原产北美，我国中、南部地区广泛栽培，栽培品种多。它是台湾澎湖地区分布最广也是最引人注目的植物，被选为澎湖县的县花。

海岸沙地上的天人菊（福建漳浦古雷）

秋冬季海岸沙地上的茵陈蒿（福建龙海隆教）

海岸沙地上的茵陈蒿（福建平潭大屿岛）

茵陈蒿

Artemisia capillaris Thunb.

别名：茵陈、绵茵陈、臭蒿。

菊科多年生草本或半灌木，有浓烈的香气。

常见于基岩海岸迎风面山坡及固定、半固定沙丘。

全草药用，用于治疗湿热黄疸、小便不利、风痒疮疥等。嫩茎叶可食。

分布：全国大部分地区均有分布。常见。

海岸沙地上的茵陈蒿（福建石狮祥芝）

海岸沙地上稀疏的羽芒菊草丛（海南东方四必湾）

羽芒菊

Tridax procumbens Linn.

别名：长柄菊。

菊科多年生铺地草本。

生命力强，极耐干旱，具匍匐茎和根茎繁衍能力，作为沙地先锋植物常出现在后滨沙地的半流动沙丘上。水分供应充足时生长迅速，常丛生或簇状分布，可形成单优势群落，或混生于其他群落内。

草质柔嫩多汁，是优良的饲料。全草药用，治疗肝炎、高血压、小便不利及痢疾，叶和花经常用于伤口止血。

分布：原产热带美洲，福建、广东、广西、海南、香港和台湾均有分布。常见。

海岸沙地上的羽芒菊（海南乐东莺歌海）

海岸沙地前沿的蒺藜（海南乐东莺歌海）

蒺藜

Tribulus terrester Linn.

别名：三脚虎、三脚丁。

蒺藜科一年生草本。

阳光充足和干燥是蒺藜对环境的基本要求，从后滨沙地的流动沙丘到海岸林林间空地均有分布。大花蒺藜（*Tribulus cistoides*）也是海滨沙地常见植物。

花期极长，地被覆盖力强，适合庭园美化、地被和海岸固沙。果实中药名为刺蒺藜，可治目赤肿痛、巅顶头痛、皮肤疮疖痈肿、红肿热痛等。

分布：浙江、福建、广东、广西、海南、香港和台湾。常见。

海岸沙地上的大花蒺藜（海南三亚蜈支洲岛）

与毛马齿苋生长在一起的蛇婆子（海南昌江棋子湾）

海岸沙荒地上的蛇婆子（海南东方墩头）

蛇婆子

Waltheria indica Linn.

别名：和他草、草梧桐。

梧桐科略直立或匍匐状草本或半灌木。

多见于海岸风沙带，从后滨沙地的流动沙地、半固定沙地到海岸林空隙均有分布。在海南岛西海岸，蛇婆子常与羽芒菊、老鼠艻、马鞍藤、小刀豆等组成海岸沙地最前缘的稀疏草丛。此外，它也是植被反复受干扰后海滨沙荒地的优势植物。

根、茎入药，主治下消、白带、痈疖、乳腺炎等。

分布：福建、广东、广西、海南、香港和台湾。常见。

海岸沙地上的蛇婆子（海南文昌海南角）

长春花

Catharanthus roseus (Linn.) G. Don

别名：雁来红、四时春、常春花。

夹竹桃科常绿草本或亚灌木。在温暖地区，几乎四季开花，长春花由此得名。

常见于海岸风沙带灌丛和海岸林空隙，也可以与老鼠艻、马鞍藤等组成海岸沙地最前沿的草丛。

病虫害少，花姿花色柔美悦目，花期长，广泛应用于园林绿化，也是海岸沙地园林绿化的优良植物。花提取物是目前应用最广泛的天然植物抗肿瘤药物。

分布：原产马达加斯加、印度和非洲东部一带，我国各地常见栽培或逸为野生。

海岸沙丘上迎风面的长春花（海南文昌海南角）

海岸沙地上的针晶粟草（海南文昌）

针晶粟草

Gisekia pharnaceoides Linn.

别名：吉粟草。

粟米草科一年生草本。

海岸沙地特有植物。常与绢毛飘拂草、假厚藤等组成海岸沙地前沿的稀疏草丛。

全株可食用，在印度和西非常被作为应急食物。药理研究表明，其提取物具有抗菌、驱虫和抑制中枢神经的功能，在印度和非洲一些地区被广泛应用于治疗疥疮、鼻炎、支气管炎、食欲不振、麻风病等，同时在治疗蠕虫感染和精神错乱方面也有一定疗效。

分布：广东（雷州半岛）、海南和台湾。偶见。

海岸沙地最前沿的海边月见草（澳大利亚昆士兰州黄金海岸）

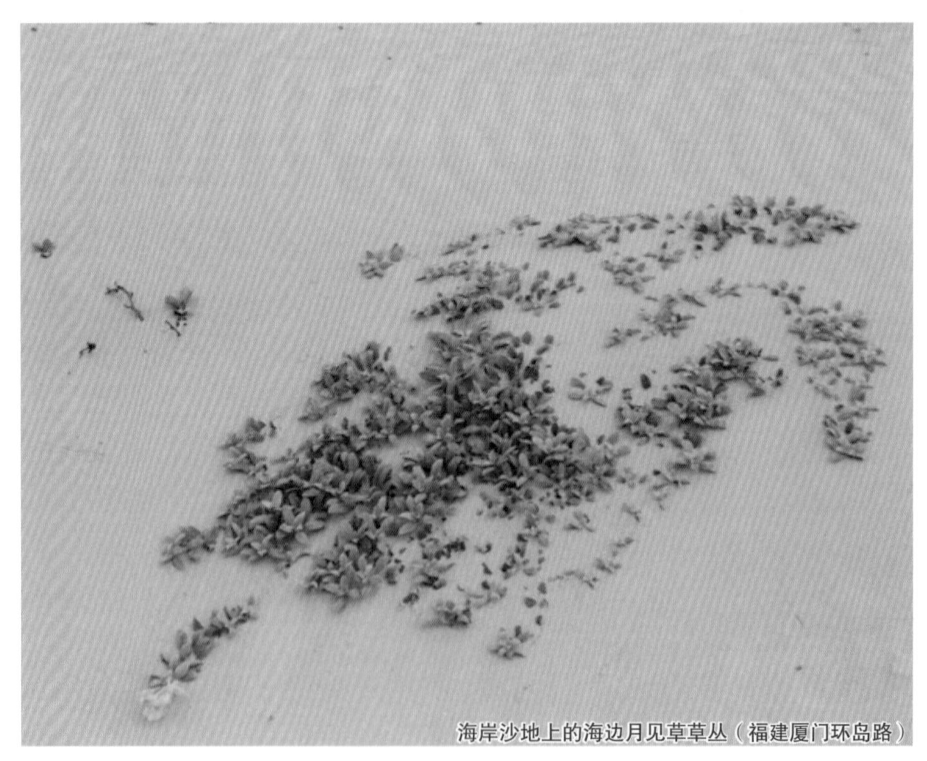
海岸沙地上的海边月见草草丛（福建厦门环岛路）

海边月见草

Oenothera drummondii Hook.

别名：海滨月见草、海滨月见菜、待宵花。

柳叶菜科一年至多年生匍匐草本。

海岸沙地特有植物，常见于海岸半固定沙丘，与老鼠艻、马鞍藤等组成海岸沙地最前沿的植物群落。

生长快，花大色艳，花期长，是非常优秀的防风固沙植物和海岸沙地绿化植物。籽实产量高，含油量高，被广泛应用于美容保健品。

分布：原产美洲和大洋洲，我国福建、广东、海南、香港和台湾的滨海地区有分布。常见。

海岸沙地上的裂叶月见草（福建平潭龙凤头）

裂叶月见草

Oenothera laciniata Hill

别名：待宵草。

柳叶菜科一年生或多年生草本。

典型海岸植物，常与老鼠艿、马鞍藤等组成沙地最前沿的植物群落，偶见于基岩海岸浪花飞溅区石缝，也可在荒地、海边滩涂等地生长。

花大色艳，花期长，是极佳的防风固沙植物和海岸沙地绿化植物。根药用，用于止咳及治疗支气管炎。基于其强适应能力和快速复制能力，被认为是具有较强入侵能力的植物，使用时应注意。

分布：原产美国东部至中部，上海、浙江、福建、广东、香港和台湾有分布。偶见。

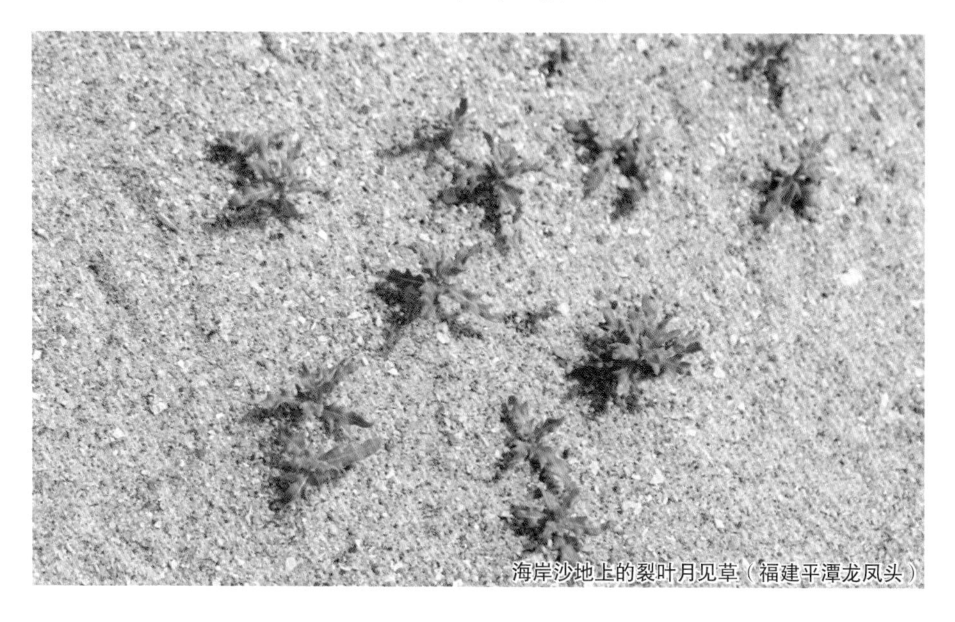

海岸沙地上的裂叶月见草（福建平潭龙凤头）

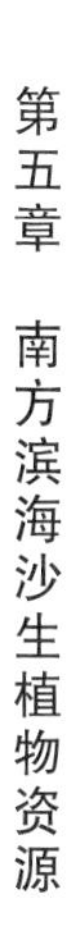

与马鞍藤生长在一起的美丽月见草（福建漳浦古雷）

美丽月见草

Oenothera speciosa Nutt. ĹHér. ex Ait.

别名：粉花月见草。

柳叶菜科多年生宿根丛生草本。

对海岸沙地的适应能力与海边月见草相当。

适应性强，繁殖快，花为靓丽的粉红色，花径大，花量多，花期长，是滨海沙荒地优良的地被植物。

分布：原产美洲温带地区，我国浙江、福建有栽培或逸为野生。偶见。

海岸沙地上的美丽月见草（福建漳浦古雷）

攀缘于木麻黄林上的海岛藤（海南三亚青梅港）

攀缘于露兜树和仙人掌上的海岛藤（海南昌江棋子湾）

海岛藤

Gymnanthera oblonga (N. L. Burman) P. S. Green

别名：假络石。

萝藦科木质藤本。

典型海岸植物，常见于红树林内缘、高潮线以上的海滨沙地及基岩海岸岩石缝隙中。适应性强，栽培容易，叶片色泽奇特，花和果实均具有一定的观赏价值，作为攀缘植物值得在滨海地区绿化中推广。

分布：广东、海南和香港。2008 年，我们在广西防城港市红树林林缘发现有海岛藤的天然分布。偶见。

基岩海岸石缝中的匙羹藤（浙江洞头岛）

匙羹藤

***Gymnema sylvestre* (Retz.) Schult.**

别名：狗屎藤、武靴藤。

萝藦科木质攀缘藤本。

海岸带特有植物，多生长于基岩海岸岩石缝隙，亦常攀缘于海岸沙地刺灌丛上。

生命力顽强，是优良的海岸沙地垂直绿化植物。全株药用，治风湿痹痛、脉管炎、毒蛇咬伤等，最近发现匙羹藤在治疗糖尿病及风湿类关节炎方面有独特疗效。

分布：浙江、福建、广东、广西、海南、香港和台湾。常见。

木麻黄林窗中的狭叶尖头叶藜（福建平潭）

海岸沙地前沿的狭叶尖头叶藜（海南海口滨海路）

狭叶尖头叶藜

Chenopodium acuminatum subsp. *virgatum* (Thunb.) Kitam.

别名：变叶藜、舌头草。

藜科一年生草本。

对海岸环境有广泛的适应性，从海岸半流动沙丘到固定沙丘、刺灌丛及基岩海岸石缝均有分布。嫩枝叶可作为野菜食用。

分布：广泛分布于亚热带至温带地区，我国沿海各地均有分布。常见。

海岸沙地上的狭叶尖头叶藜（广西北海银滩）

海岸沙地上的盐角草和海马齿草丛（海南昌江昌化镇）

海岸沙地上的盐角草（广西北海大冠沙）

盐角草

Salicornia europaea Linn.

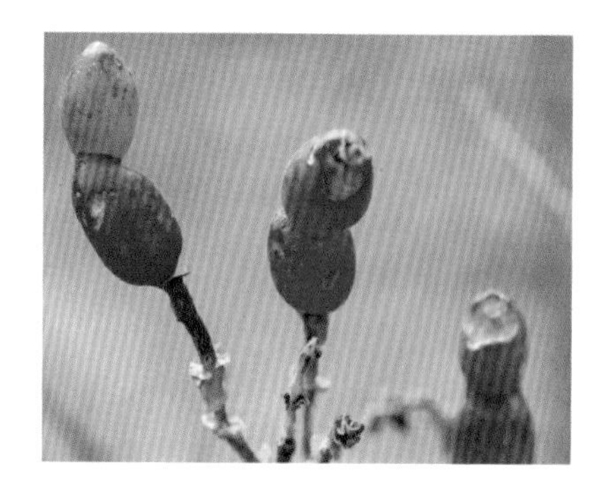

红树林内缘沙地上的盐角草（广西北海大冠沙）

别名：海蓬子。

藜科一年生草本。

典型海岸植物，常生长于海水可以淹及的滨海泥沙滩。

适口性好，营养丰富，目前已经被开发成为海水蔬菜。种子不仅产量较高，且油脂和蛋白质含量超过大豆和其他蛋白质植物，油脂中不饱和脂肪酸十分丰富，可以制成优质食用油，是一种潜在的优良油料作物和饲料作物，也是盐碱地改良的优良植物。

分布：江苏、浙江、广东、广西和海南。广东、广西和海南少见。

淤泥质海岸上的盐角草（浙江舟山朱家尖）

海岸沙地上的马齿苋（海南乐东莺歌海）

海岸沙地上的马齿苋（海南东方黑脸琵鹭自然保护区）

马齿苋

Portulaca oleracea Linn.

别名：猪母菜、长命菜。

马齿苋科一年生肉质草本植物。

常见于海岸风沙带，从半流动沙丘至海岸林林隙均有分布。

具有广泛生态适应性，耐旱、耐瘠、耐热，并有一定耐阴性，非常适合滨海沙荒地种植。嫩茎叶可食，为著名药食同源功能性食物，有“长寿菜”“长命菜”的美称。

分布：广布于全球温带和热带地区。常见。

毛马齿苋发达的柔毛

海岸流动沙丘上的毛马齿苋（澳大利亚昆士兰州黄金海岸）

毛马齿苋

Portulaca pilosa Linn.

别名：多毛马齿苋、午时草。

马齿苋科一年生或多年生匍匐草本。叶腋内有长柔毛，毛马齿苋由此得名。

多生长于海岸风沙带，也能在基岩海岸的石缝中生长。在海南西海岸，从海岸半固定沙丘、海岸迎风面山坡到木麻黄防护林空隙沙地都有其踪迹。

适应能力极强，花色鲜艳，花期长，是海岸沙地绿化的优良植物。茎叶可食，营养丰富，全草可供药用，具清热解毒、消炎利尿之功效，为药食两用植物。

分布：原产热带美洲，福建、广东、广西、海南、香港和台湾海岸。常见。栽培品种大花马齿苋广泛应用于园林绿化。

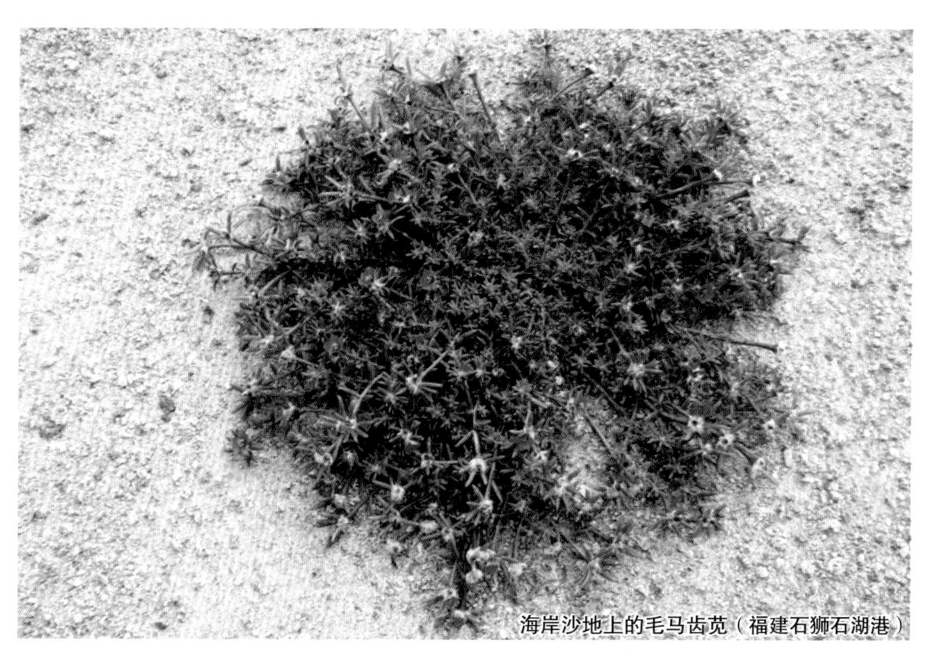

海岸沙地上的毛马齿苋（福建石狮石湖港）

珊瑚礁缝隙中的沙生马齿苋（台湾垦丁）

海岸沙地上的沙生马齿苋（海南东方黑脸琵鹭自然保护区）

沙生马齿苋

Portulaca psammotropha Hance

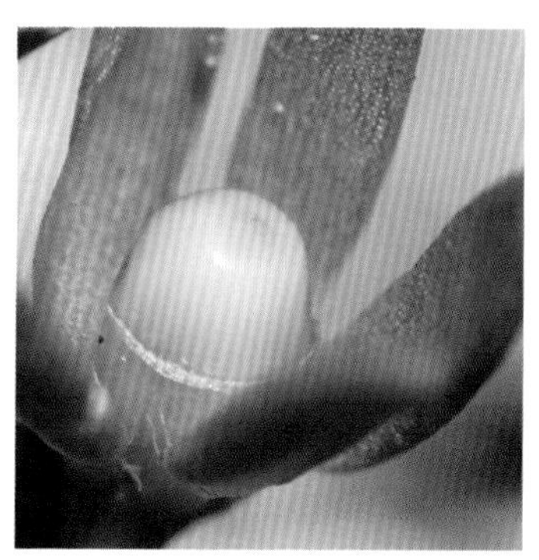

别名：海南马齿苋。

马齿苋科多年生铺散肉质草本。

热带海岸沙地特有植物，自然分布多集中于后滨沙地，偶见于海岸沙荒地和珊瑚礁缝隙。

分布：海南南部、西沙群岛和台湾南部海岸。偶见。

海岸沙地上的沙生马齿苋（西沙七连屿）

海岸沙地上的过江藤（海南昌江棋子湾）

海岸沙地上的过江藤（台湾台北富贵角）

过江藤

Phyla nodiflora (Linn.) E. L. Greene

别名：水黄芹。

马鞭草科多年生匍匐草本。

典型海岸沙地植物，常见于后滨沙地。在西沙群岛，过江藤与孪花蟛蜞菊、羽芒菊、蒺藜等成为最先占据沙滩的植物。

耐旱亦耐水湿和沙埋，节节生根，水分供应充足时生长迅速，可以作为海岸防护和固沙植物。全草药用，治痢疾、咽喉肿痛，外敷治疔毒。

分布：广泛分布于热带、亚热带地区。常见。

海岸沙地前沿的墨苜蓿（广西北海银滩）

墨苜蓿

Richardia scabra Linn.

茜草科一年生匍匐或近直立草本。

海岸流动沙丘、半固定沙丘和固定沙丘均有分布。种子可入药，具清脾胃、除湿热、利尿、消水肿、消渴等功效。

分布：原产热带美洲，我国福建、广东、广西、海南、香港和台湾有分布。常见。

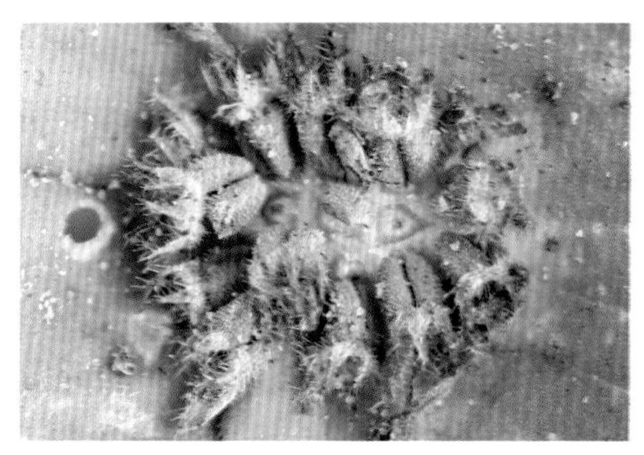

沙地上的墨苜蓿（海南万宁大洲岛）

海岸沙地木麻黄林内的洋金花（海南乐东莺歌海）

洋金花

Datura metel Linn.

别名： 白曼陀罗、白花曼陀罗、风茄花、喇叭花。

茄科一年生草本或半灌木。

多生长于海岸固定沙丘和木麻黄林前草地，与马鞍藤、海刀豆、露兜树组成海岸灌草丛，也是我国南方海岸居民区和道路边常见杂草。

生性强健，病虫害少，花大，果实形态奇特，适合作为海岸沙地绿化植物。全株有毒，种子毒性最大。花药用，有镇静、镇痛和麻醉之功能。

分布： 浙江、福建、广东、广西、海南、香港和台湾。常见。

海岸沙地前沿的洋金花（海南文昌东郊椰林）

剑麻用于道路绿化（海南海口）

剑麻种植园（广东湛江）

剑麻

Agave sisalana Perr. ex Engelm.

别名：琼麻、菠萝麻、水丝麻、龙舌兰麻。

石蒜科多年生肉质草本。

在海南南部和西部，剑麻长于受强海风吹袭的滨海迎风面山坡、固定沙丘等地，是滨海沙地灌丛的第一线植物，最前可分布于后滨沙地。

适应性强，容易栽培，无论是丘陵、缓坡还是浅滩盐碱地、山地都能正常生长。剑麻叶中的纤维为世界公认最优质的植物纤维。根茎的汁液可用于酿酒。

分布：原产墨西哥，福建、广东、广西和海南有一定面积的商业栽培，也常用于园林绿化。

海岸沙地前沿的剑麻（海南三亚湾）

海岸沙地最前沿的狭叶龙舌兰（海南儋州峨蔓）

海岸沙地前沿的狭叶龙舌兰（广东深圳南澳西涌）

狭叶龙舌兰

Agave angustifolia Haw.

别名：波罗麻、白缘龙舌兰（银边变种）。

石蒜科多年生大型草本多肉植物。

对海岸沙地具有很强的适应性，在广东深圳西涌，狭叶龙舌兰生长于强海风吹袭的风沙带外缘沙地，是海岸沙地最前缘的植物之一；而在海南儋州峨蔓镇，狭叶龙舌兰与银毛树、仙人掌、露兜树等生长于大潮可以淹及的后滨沙地；狭叶龙舌兰也可以生长于基岩海岸石缝中。

病虫害少，栽植成功后几乎不需要任何维护，是海岸沙地绿化的优良植物。叶片纤维是制作船缆、绳索、麻袋、造纸等的原料。

分布：原产美洲，我国南方各省区引种栽培。变种银边狭叶龙舌兰（*Agave angustifolia* Haw. var. *marginata* Tre.）广泛应用于园林绿化。

海岸沙地前沿的狭叶龙舌兰（海南儋州峨蔓）

矮生薹草

Carex pumila Thunb.

别名：小海米。

莎草科多年生草本。

典型滨海沙生植物，盐性沙土的指示植物，常与珊瑚菜、筛草、砂引草等成为滨海沙滩最前沿的植物。一般生长于高潮线上缘的沙地，且常成为优势种。有很强的耐盐和耐盐雾能力，还能适应短期海水浸淹。

分布：浙江、福建、广东、香港和台湾。少见。

海岸沙地前沿的矮生薹草（澳大利亚昆士兰州黄金海岸）

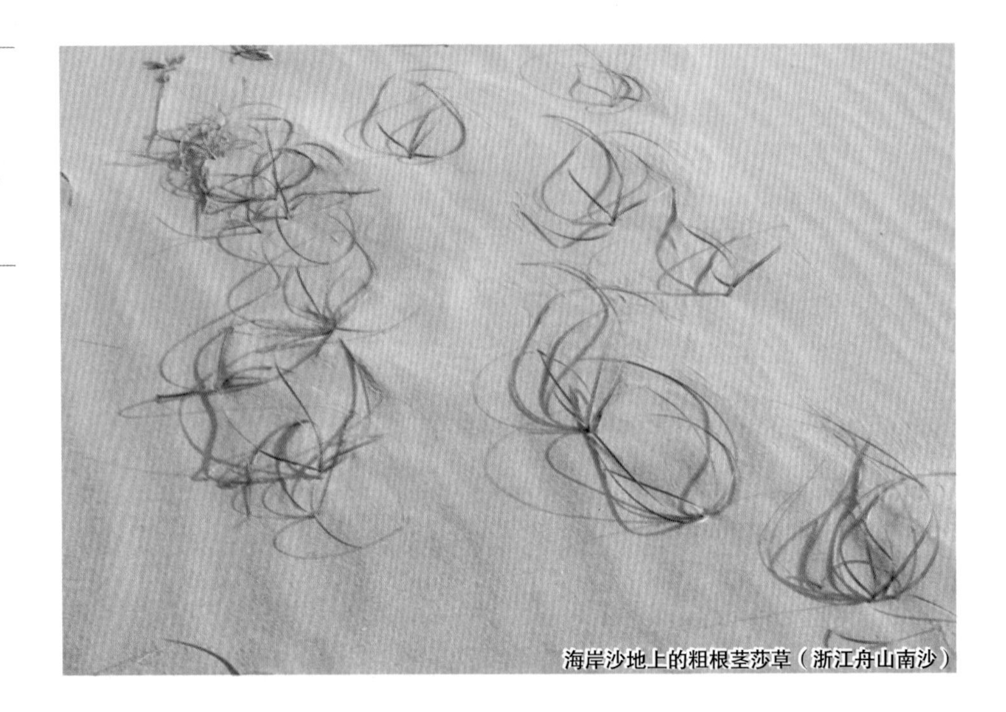

海岸沙地上的粗根茎莎草（浙江舟山南沙）

海岸沙地前沿的粗根茎莎草（浙江舟山南沙）

粗根茎莎草

Cyperus stoloniferus Retz.

别名：咸水香附、假香附子。

莎草科多年生草本。

海岸特有植物，常稀疏生长于后滨沙地外缘，也可以在高潮带滩涂见到其踪迹。

球茎被用作香附子的替代品。

分布：浙江、福建、广东、广西、海南、香港和台湾。常见。[①]

台风后沙滩最前沿的粗根茎莎草（海南乐东莺歌海）

海岸沙地前沿的粗根茎莎草（海南海口演丰）

① 根据已有的资料，可初步判断山东也有分布。

海岸沙地最前沿的海滨莎群落（海南乐东莺歌海）

海岸沙地上的海滨莎（海南乐东莺歌海）

海滨莎

Remirea maritima Aubl.

别名：海滨莎草。

莎草科多年生草本。

海岸沙地特有植物，从后滨沙地最外缘至海岸风沙带均有分布，常见于海岸林中，或与匐枝栓果菊、老鼠艻、马鞍藤、单叶蔓荆、绢毛飘拂草等组成后滨沙地的前沿植物群落。

姿态端庄，叶片充满阳刚之气，为优良的海岸防风固沙植物和观赏植物。

分布：广东、广西、海南、香港和台湾。少见。

黑果飘拂草群落（海南三亚青梅港）

海岸沙地上稀疏的黑果飘拂草草丛（西沙七连屿）

黑果飘拂草

Fimbristylis cymosa R. Br.

别名： 干沟飘拂草。

莎草科多年生直立草本。

典型海岸植物，常见于海岸半固定沙丘和基岩海岸石缝。

分布： 广泛分布于热带及亚热带地区。常见。

基岩海岸石缝中的黑果飘拂草（海南文昌石头公园）

海岸沙地上的黑果飘拂草（海南海口东寨港）

海岸珊瑚礁缝隙中的黑果飘拂草（台湾垦丁香蕉湾）

海岸沙地上的绢毛飘拂草草丛（海南昌江棋子湾）

绢毛飘拂草

Fimbristylis sericea R. Brown

别名：转转草。

莎草科多年生草本。

我国南方代表性海岸沙地植物之一，常见于海岸流动、半固定和固定沙丘，为海岸迎风面沙地优势植物之一，最前可分布至后滨沙地。

叶片形态奇特，根系发达，生命力强，叶面绿色，叶背白色，在滨海沙地尤为特别，是良好的海岸固沙植物。

分布：浙江、福建、广东、广西、海南和台湾。常见。

与假厚藤等生长在一起的球柱草（海南昌江棋子湾）

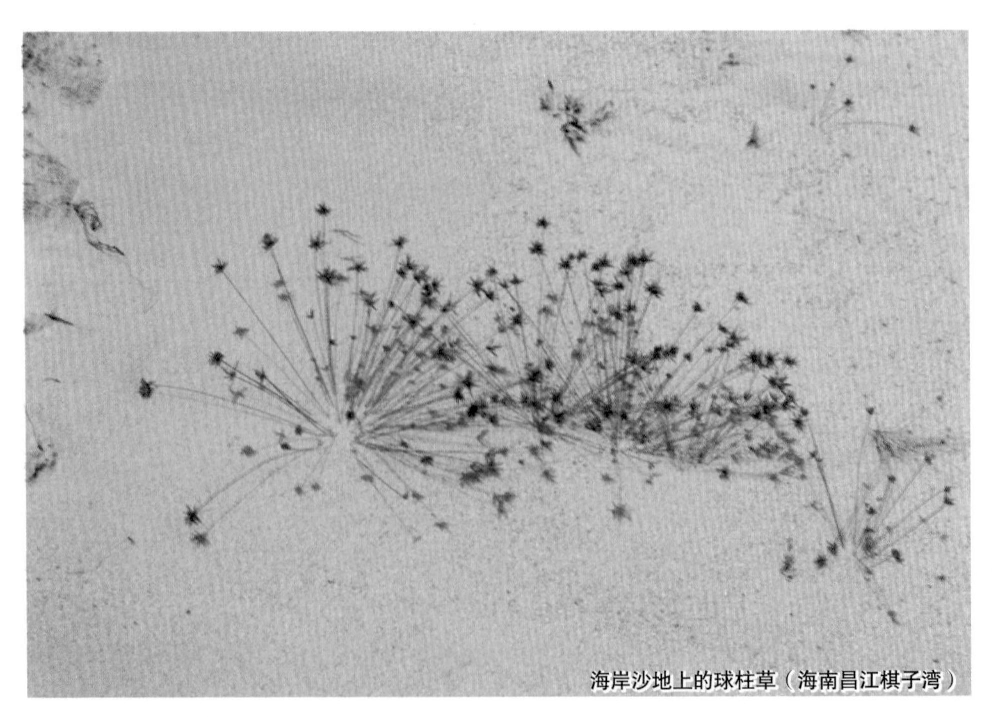

海岸沙地上的球柱草（海南昌江棋子湾）

球柱草

Bulbostylis barbata (Rottb.) C. B. Clarke

别名：旗茅、龙爪草、畎莎、秧草、油麻草。

莎草科一年生草本。

海岸沙地常见植物，常见于后滨半流动沙丘，也可在海岸沙地刺灌丛空隙见其踪迹。

全株药用，有凉血止血的功效，主治呕血、咯血、衄血、尿血、便血等。

分布：浙江、福建、广东、广西、海南、香港和台湾等。偶见。

与粗根茎莎草和肾叶打碗花生长在一起的筛草（浙江舟山桃花岛）

海岸沙地前沿的筛草群落（浙江舟山桃花岛）

筛草

Carex kobomugi Ohwi

别名：砂钻薹草。

莎草科多年生草本。

典型海岸沙生植物，常见于后滨沙地最外缘，被认为是海岸沙地最靠近海水的植物，常与肾叶打碗花等组成海岸沙地最前沿的稀疏草丛。

适应性强，生长快，繁殖快，这些特征赋予其强竞争能力和快速蔓延能力，可作为海滨沙地、风口地段固沙造林的先锋植物和草坪植物。种子入药，果实含淀粉，可磨粉食用或酿酒。

分布：浙江、福建和台湾，是我国北方海岸沙地最常见的植物之一。

香附子与马鞍藤生长在一起（台湾高雄旗津公园）

海岸沙地前沿的香附子（海南海口）

香附子

Cyperus rotundus **Linn.**

别名：香头草、莎草。

莎草科多年生草本，具长匍匐根状茎和块根。全株有一股特殊香味，香附子由此得名。

海岸地区常见植物，从前滨沙地到海岸固定沙丘均有分布。

耐旱亦耐水湿，生长快，繁殖力强，是滨海地区优良的水土保持植物，也是良好的海岸沙地绿化植物。块茎药名香附子，有疏肝、止痛、调经解郁之效及松弛平滑肌的作用，也可酿酒或作饲料。其由于具有超强的适应能力，因此在一些地方成为难以清除的恶性杂草，使用时应注意。

分布：秦岭以南地区广泛分布。

海岸沙地上的香附子（福建石狮祥芝）

海岸沙地前沿的滨莱菔（浙江舟山南沙）

海岸沙地最前沿的滨莱菔群落（浙江平阳南麂岛）

滨莱菔

Raphanus sativus Linn. var. *raphanistroides* (Makino) Makino

别名：滨萝卜、野萝卜。

十字花科一年生或二年生草本。

典型海岸植物，常见于后滨沙地外缘，为海岸沙地最前沿的植物之一。

适应性广，根系发达，花为淡紫色或白色，是优良的海岸沙地地被植物。嫩叶及主根可食，在萝卜良种选育方面具有较大的应用潜力。

分布：浙江、福建和台湾。偶见。

被流沙覆盖的滨莱菔（浙江舟山南沙）

马鞍藤群落中的女娄菜（福建龙海隆教）

海岸沙地上的女娄菜（福建漳浦古雷）

女娄菜

Silene aprica Turcz. ex Fisch. et Mey.

别名： 九子参、王不留行、野罂粟、对叶草、罐罐花。

石竹科一年生或二年生草本，全株密生短柔毛。

女娄菜常见于海岸沙荒地。在浙江舟山桃花岛，女娄菜生长于以假俭草、绢毛飘拂草、肾叶打碗花、卤地菊等为优势的海岸固定沙丘（张晓华等，1997）。张娆挺和顾莉（1991）将其列为海岸沙生生态类型植物。

适应性强，形态奇特，可用于滨海沙地绿化，也是一种值得开发的野生观赏植物。春季嫩苗可食。

分布： 东北、华北、西南和华东。常见。

海边月见草稀疏草丛中的女娄菜（福建漳浦古雷）

被流沙覆盖的珊瑚菜（福建龙海隆教）

海岸沙地上的珊瑚菜草丛（福建平潭大屿岛）

珊瑚菜

Glehnia littoralis F. Schmidt ex Miq.

别名：北沙参、莱阳沙参、海沙参。

伞形科多年生草本。

海岸沙地特有植物，为盐碱土的指示植物，是滨海沙地最前沿的植物之一，生于后滨沙地的半固定与固定沙丘，常与老鼠艻、海边月见草、匐枝栓果菊、匍匐苦荬菜、单叶蔓荆等混生。

植株形态奇特，是极具观赏价值和防风固沙的植物。根中药名——北沙参，广泛用作镇咳祛痰药。春季嫩苗可食。国家二级保护野生植物。

分布：浙江、福建、广东、海南、香港和台湾。野外少见。

文殊兰是南方常见的园林绿化植物

海岸刺灌丛中的文殊兰（广东深圳南澳西涌）

文殊兰

Crinum asiaticum var. *sinicum* (Roxb. ex Herb.) Baker

别名：十八学士、海蕉。

石蒜科多年生常绿草本。

典型海岸植物，一般生长于后滨沙地外缘或海岸前丘、泥沙地、岩缝中，为海岸沙地的第一线植物。

适应性广，洁净美观，花色淡雅，常年翠绿色，被佛教寺院定为“五树六花”之一，具有较高的观赏价值，是海岸地区良好的庭院美化和防风固沙植物，还可以用于盆栽。

分布：原产亚洲热带的印度尼西亚、苏门答腊等地，我国浙江、福建、广东、广西、海南、香港和台湾均有栽培或逸为野生。常见。

海岸沙地上的文殊兰（台湾垦丁）

管花薯

Ipomoea violacea Linn.

别名：大萼旋花、圆萼天茄儿。

旋花科多年生攀缘藤本。

典型海岸植物，多攀缘于海岸沙地刺灌丛和珊瑚礁岩的海岸林。

适应性强，生长速度快，病虫害少，叶色葱翠，花色洁白，花期长达半年，是滨海地区垂直绿化的优良植物。

分布：广东、海南和台湾南部。少见。

攀缘于草海桐上的管花薯（西沙七连屿）

假厚藤的叶形多变

与马鞍藤生长在一起的假厚藤（海南昌江棋子湾）

假厚藤

Ipomoea imperati (Vahl) Griseb.

别名： 厚叶牵牛、海滩牵牛。

旋花科多年生蔓生藤本。

海岸沙地特有植物，多见于半流动沙丘，茎多埋于地下，仅叶片露出沙面，常与匍枝栓果菊、老鼠艻、马鞍藤、沙苦荬菜等组成海岸沙地最前沿的植物群落。

叶形奇特，花娇小可爱，是优良的沙地观赏植物，也是良好的海岸固沙植物。

分布： 福建、广东、广西、海南、香港和台湾。偶见。

海岸沙地前沿的假厚藤（海南昌江棋子湾）

被流沙覆盖的马鞍藤

露兜树前茂密的马鞍藤草丛（海南三亚亚龙湾）

马鞍藤

Ipomoea pes-caprae **(Linn.) R. Brown**

别名：厚藤、二叶红薯、海滩牵牛。

旋花科多年生匍匐草本。叶尖明显凹陷，形如马鞍，故名马鞍藤。

海岸沙地最具代表性的植物之一，也是我国南方海岸沙地最常见植物，前滨沙地和后滨沙地均有分布，是海岸沙地最前沿的植物种类。

茎节节生根，根系发达，生长速度快，叶形奇特，花大色艳，花期长，有“海滨花后”之称，是海岸沙地绿化及防风固沙的首选植物。嫩茎叶可食，也可作猪饲料。全株入药，主治风湿性腰腿痛、腰肌劳损、疮疖肿痛等。

分布：浙江、福建、广东、广西、海南、香港和台湾。常见。

海岸沙地前沿的马鞍藤群落（西沙七连屿）

基岩海岸缝隙中的肾叶打碗花（浙江舟山南沙）

海岸沙地上的肾叶打碗花（浙江舟山南沙）

肾叶打碗花

Calystegia soldanella (Linn.) R. Br.

别名：滨旋花、海地瓜。

旋花科多年生草本。

海岸沙地特有植物，为滨海沙地最前沿的植物之一，也见于基岩海岸的岩石缝隙。

适应性强，耐粗放管理，植株低矮、整齐，是优良的海岸沙地地被植物。全株入药，用于治疗咳嗽、肾炎水肿、风湿关节疼痛等。

分布：浙江、福建和台湾。常见。

海岸沙地上的肾叶打碗花（福建平潭大屿岛）

寄生于南美蟛蜞菊上的菟丝子（台湾台北富贵角）

寄生于马鞍藤上的菟丝子（广西北海银滩）

菟丝子

Cuscuta chinensis Lam.

别名：无根藤、无根草。

旋花科一年生寄生草本。

海岸沙地常见寄生植物，从海岸沙地最前沿的马鞍藤和单叶蔓荆到沙地刺灌丛植物均是其寄主。

全寄生植物，对寄主有较大的危害。整株入药，具补肾益精、养肝明目、健脾固胎之功效。

分布：我国大部分省区。常见。

寄生于马鞍藤上的菟丝子（广西北海银滩）

海岸沙地上的土丁桂（台湾垦丁风吹沙）

与台湾灰毛豆等生长在一起的土丁桂（台湾垦丁猫鼻头）

土丁桂

***Evolvulus alsinoides* (Linn.) Linn.**

基岩海岸石缝中的土丁桂（海南昌江棋子湾）

别名：蜈蚣草、银丝草。

旋花科多年生草本植物。

海岸带与海岛特有植物，多生长于海岸迎风面山坡、砾石滩及基岩海岸浪花飞溅区石缝中。

常成片生长，为优良的海岸绿化和固沙植物。全草入药，性凉，味苦辛，具有清热、利湿之功效，用于治疗哮喘、百日咳和肺气肿。

分布：浙江、福建、广东、广西、海南、香港和台湾。常见。

攀缘于海岸沙地刺灌丛中的虎掌藤（海南三亚湾）

虎掌藤

***Ipomoea pes-tigridis* Linn.**

别名：虎脚牵牛、铜钱花草。

旋花科一年生缠绕或匍匐草本。

海岸沙地特有植物，常与马鞍藤、老鼠艻、单叶蔓荆、龙珠果等生长在一起。

适应性强，叶形奇特，为滨海沙地优秀的攀缘植物。全株药用，用于治疗肠道积滞、大便秘结等。

分布：广东、广西、海南和台湾。少见。

攀缘于老鼠艻上的龙珠果（海南东方八所）

攀缘于仙人掌上的龙珠果（海南昌江棋子湾）

龙珠果

Passiflora foetida Linn.

别名：毛西番莲、天仙果。

西番莲科二年生蔓性攀缘藤本。

常见于海岸固定沙丘，多攀缘于仙人掌、露兜树、老鼠艻等海岸植物或礁石上，为海岸最前沿的攀缘植物之一。

花形奇特，色彩艳丽，生长迅速，果酸甜可食，为海岸沙地绿化的优良攀缘植物。

分布：原产南美洲，我国福建、广东、广西、海南、香港和台湾常见栽培或逸为野生。

海岸沙地上的龙珠果（广东深圳南澳西涌）

砂苋

Allmania nodiflora (Linn.) R. Br. ex Wight

别名：阿蔓苋、虾公草。

苋科一年生草本。

典型海岸沙地植物，常见于海岸固定沙丘草丛。

嫩茎叶营养丰富，可作蔬菜。

分布：广西和海南。少见。

与马鞍藤生长在一起的银花苋（广西北海银滩）

银花苋是海岸沙地最前沿的植物之一（广西北海银滩）

银花苋

Gomphrena celosioides C. Mart.

别名：假千日红、伏生千日红、地锦苋。

苋科一年生直立或披散草本。

在滨海沙地上多零星或小块状分布，分布范围广，除前滨沙地外，从流动沙丘到固定沙丘均有分布，也可以在海堤石缝、鱼塘堤岸及海滨草地见到其踪迹。

生性强健，生长速度快，适合滨海花坛及地被。全草可入药，具清热利湿、凉血止血之功效。目前世界很多地方将其列为入侵种。

分布：原产美洲热带地区，我国广东、广西、海南、香港和台湾有分布。常见。

海岸沙地上的银花苋（广西北海银滩）

海岸沙地上的针叶苋（海南乐东莺歌海）

针叶苋

Trichuriella monsoniae (Linn. f.) Bennet

苋科多年生草本，因具有钻状针形的叶片而得名。

典型海岸沙地植物，可生长于后滨沙地和风沙带。在海南乐东的海岸沙丘迎风面，针叶苋生长于红毛草、羽芒菊、绢毛飘拂草等为优势的稀疏草丛中。

株形美观，花朵艳丽，花期长，是优良的沙地绿化植物。目前还没有其应用的报道。

分布：仅见于海南乐东的莺歌海。非常稀少，笔者连续多年的野外调查仅发现 1 株。

海岸沙地上的针叶苋（海南乐东莺歌海）

束蕊花用于海岸沙地绿化（澳大利亚昆士兰州黄金海岸）

束蕊花

Hibbertia scandens **(Willd.) Dryand.**

别名：蛇藤、纽扣花。

五桠果科多年生常绿攀缘藤本。

多见于海岸沙地木麻黄林林隙。适应性广，栽培容易，生长速度快，是海岸沙地难得的攀缘植物和地被植物。

分布：原产澳洲东海岸，广东和福建有少量引种。

流动沙丘上的黄细心植株（海南东方八所）

海岸沙地上的黄细心与假厚藤稀疏草丛（海南昌江棋子湾）

黄细心

Boerhavia diffusa Linn.

别名：黄细辛、沙参。

紫茉莉科多年生披散草本。

典型海岸沙地植物，常见于海岸固定或半固定沙丘，与单叶蔓荆、马鞍藤、假厚藤等组成海岸风沙带最前沿的植物群落。

优良的海岸固沙植物。幼茎叶可食。其根名曰“黄寿丹”，用于治疗跌打损伤、脾肾虚、月经不调、小儿疳积等。

分布：福建、广东、广西、海南、香港和台湾。常见。

被流沙覆盖的黄细心（海南东方四必湾）

黄细心属植物（西沙七连屿）

黄细心属植物与细穗草生长在一起（西沙七连屿）

直立黄细心

Boerhavia erecta Linn.

别名：西沙黄细心。

紫茉莉科多年生草本。

典型海岸沙地植物，常见于海岸半流动沙丘和海岸刺灌丛。

分布：海南（文昌、七洲列岛、三亚、乐东、东方及西沙群岛）。不常见。

注：海南西沙七连屿上天然分布的黄细心属植物与直立黄细心叶和花的形态有明显区别，与匍匐黄细心叶片差别很大，但众多文献将其鉴定为直立黄细心或匍匐黄细心，有待进一步研究。

海岸沙荒地上的直立黄细心（海南东方四必湾）

半固定沙丘上的白茅和砂引草草丛（山东海阳万米海滩）

海岸沙地上的砂引草（山东海阳万米沙滩）

砂引草

*Tourneforti*a *sibirica* Linn.

别名：紫丹草、西伯利亚紫丹、羊担子。

紫草科多年生草本。

海岸沙地常见植物，常见于后滨沙地的半流动沙丘。

耐沙埋，为优良的固沙植物。花香气浓郁，可提取其芳香油。

分布：浙江以北海岸沙地常见，天然分布南界是浙江舟山群岛。

海岸沙地上的砂引草（山东海阳万米沙滩）

寄生于单叶蔓荆上的无根藤（海南昌江棋子湾）

寄生于马鞍藤上的无根藤（海南文昌东郊椰林）

无根藤

Cassytha filiformis Linn.

别名：无叶藤、罗网藤。

樟科多年生寄生草本。

典型海岸寄生植物，常见寄主有马鞍藤、单叶蔓荆、白茅、变叶藜、草海桐、滨刺草等，尤其喜欢缠绕在马鞍藤上。

全株药用，具有清热利湿、凉血止血之功效，用于感冒发热、疟疾、急性黄疸型肝炎等。

分布：浙江、福建、广东、广西、海南、香港和台湾。常见。

受无根藤严重危害的马鞍藤和单叶蔓荆（海南文昌石头公园）

海岸沙地草丛中的凤尾丝兰（福建平潭流水镇）

海岸沙地上的凤尾丝兰（浙江平阳南麂岛）

凤尾丝兰

Yucca gloriosa Linn.

别名：刺叶王兰、剑叶丝兰、凤尾兰。

百合科常绿灌木，有明显的茎。

生境多样，可以在海岸固定沙丘、受强海风吹袭的基岩海岸浪花飞溅区正常生长。

生性强健，对土壤要求不严，病虫害少，且有很强的耐污染能力和净化空气能力，花叶俱美，姿态奇特，是优良的滨海园林绿化植物。

分布：原产北美东部和东南部，我国南北庭园中均有栽培。

木麻黄树下的天门冬（海南昌江棋子湾）

海岸沙地刺灌丛中的天门冬（海南乐东莺歌海）

天门冬

Asparagus cochinchinensis (Lour.) Merr.

别名：天冬、万岁藤。

百合科多年生攀缘状亚灌木，具膨大肉质根。

滨海沙生植物之一，常见于海岸基岩固定沙丘及迎风面山坡，偶见于海岸浪花飞溅区的岩石缝隙及红树林林缘。

适应性广，枝条长而纤细，姿态秀逸，是常用的插花配叶材料，在滨海地区城镇园林绿化中应用广泛。块根为常用中药材。

分布：我国长江以南地区广泛分布，华南地区常作为观赏植物栽培。常见。

海岸沙地前沿的草海桐（台湾垦丁龙磐）

海岸沙地刺灌丛中的草海桐（海南三亚天涯镇）

草海桐

***Scaevola taccada* (Gaer.) Roxb.**

别名：羊角树。

草海桐科多年生常绿直立或铺散灌木。

典型海岸植物，常见于基岩海岸岩隙、石砾地、后滨沙地和海岸风沙带，是热带海岸第一道灌丛的主要成员，也是最具代表性的海岸沙地灌木之一。

生长迅速，栽植后无须管理，叶色翠绿，花形奇异，是非常优秀的海岸防风固沙植物和观赏植物。成熟果实多汁而味甘，可以生食。

分布：福建、广东、广西、海南、香港和台湾。常用于园林绿化。

海岸沙地上的草海桐（西沙七连屿）

基岩海岸浪花飞溅区的刺茉莉（海南三亚亚龙湾）

鱼塘沙堤上的刺茉莉（海南儋州新英镇）

刺茉莉

***Azima sarmentosa* (Blume) Benth. et J. D. Hook.**

别名：牙刷树。

刺茉莉科常绿攀缘灌木。

典型海岸植物，生境多样，从海岸刺灌丛、盐田到鱼塘堤岸或大潮可以淹及的红树林林缘都有其踪迹，有时攀缘于红树植物上。在海南西南部，刺茉莉与苦郎树、刺果苏木、单叶蔓荆等组成海岸沙地最前沿的灌丛。

适应性广，生命力强，果实成熟后白色半透明，是优良的海岸防风固沙树种和绿篱树种。

分布：广东雷州半岛南部和海南。偶见。

海岸沙地木麻黄后缘的刺茉莉灌丛（海南东方墩头）

海岸刺灌丛中的刺篱木（海南昌江棋子湾）

基岩海岸石缝中的刺篱木（海南昌江棋子湾）

刺篱木

***Flacourtia indica* (N. L. Burm.) Merr.**

别名：刺子。

大风子科落叶灌木或小乔木。

滨海沙地刺灌丛常见植物之一，常与仙人掌、露兜树、苦郎树等组成海岸沙地最前沿的刺灌丛。

分枝密、易整形、耐修剪，春季叶色嫩绿，刺密度高、坚硬、锐利，是滨海沙地优良的绿篱材料，也是优良的防护林树种。果可食。

分布：广东、广西、海南、香港和台湾。常见。

刺篱木是海岸沙地刺灌丛常见植物（海南东方墩头）

海岸沙地上的刺果苏木灌丛（海南东方墩头）

海岸沙地前沿的刺果苏木（海南三亚湾）

刺果苏木

Caesalpinia bonduc (Linn.) Roxb.

别名：大托叶云实、老虎心。

豆科落叶灌木或藤本。荚果密生细长针刺，刺果苏木由此得名。

典型海岸植物，常见于后滨沙地，与露兜树、仙人掌等组成沙生刺灌丛，是海岸最前沿的灌丛植物。

全株具刺，果实形状独特，可作绿篱，也是良好的海岸防风固沙植物。叶及种子药用，种子坚硬、有光泽，是很好的工艺品原料。

分布：广东、广西、海南、香港和台湾。常见。

海岸固定沙丘上的绒毛槐（海南三亚湾）

海岸沙地上的绒毛槐（海南三亚）

绒毛槐

Sophora tomentosa Linn.

别名：毛苦参、海南槐。

豆科常绿灌木或小乔木。枝条、叶片背面、花序轴、花萼及果实密被灰白色短绒毛，绒毛槐由此得名。

海岸沙地或珊瑚礁特有树种，为海岸沙地植被演替后期种类，常见于海岸林外缘的第一线沙滩或隆起珊瑚礁上，有人称之为珊瑚礁植物。

全株灰白色，花金黄色，荚果念珠状，树冠稠密，在植物造型与色彩方面明显不同于其他植物，是非常优秀的海岸沙地绿化树种，亦可作为绿篱、盆栽和海岸防风树种。

分布：广东、海南、香港和台湾。福建厦门、台湾金门和澎湖有引种。少见。

基岩海岸石缝中的黄杨叶箣柊（海南昌江棋子湾）

海岸沙地木麻黄林缘的黄杨叶箣柊（海南三亚青梅港）

黄杨叶箣柊

***Scolopia buxifolia* Gagn.**

别名：海南箣柊。

大风子科常绿小乔木或灌木。

典型海岸植物，常见于海岸沙地和基岩海岸，是海岸刺灌丛植物之一。

枝叶密集，生长速度慢，有望开发为盆景植物。木材优良，为家具、农具和其他器具的用材。

分布：海南。偶见。

绿玉树是海岸林成分之一（广东徐闻南山）

绿玉树用于海岸沙地绿化（海南三亚）

绿玉树

Euphorbia tirucalli Linn.

别名：光棍树、绿珊瑚。

大戟科灌木或小乔木。

常见于前滨以上的海岸沙地，为海岸灌丛第一线植物，常与仙人掌、露兜树等生长在一起。

小枝肉质，每隔一定距离便二叉分枝，形状像绿色的珊瑚，是极佳的海岸观赏植物。白色乳汁有毒，但乳汁中碳氢化合物的含量很高，是很有前景的“能源”植物。

分布：原产东非和南非的热带沙漠地区，我国广东、广西、海南、香港和台湾海岸逸为野生。华南地区作为观赏植物常见栽培。

栽培品种“红珊瑚”

夹竹桃用于海岸沙地绿化（福建厦门环岛路）

海岸沙地上的夹竹桃（浙江舟山南沙）

夹竹桃

Nerium oleander Linn.

别名：柳叶桃。

夹竹桃科常绿灌木。

对海岸沙地环境具有广泛的适应能力，病虫害少，枝叶茂密，具有很好的防护作用，近年来应用于沿海防风固沙。全株有毒，人、畜误食可致命。

分布：原产印度与伊朗，我国热带、亚热带地区广泛栽培。

海岸沙地前沿的夹竹桃（福建厦门环岛路）

海岸沙地上稀疏的圆叶黄花稔、黑果飘拂草群落（西沙七连屿）

圆叶黄花稔

Sida alnifolia var. *orbiculata* S. Y. Hu

锦葵科直立亚灌木或灌木。

多生于空旷沙地。茎皮富含韧皮纤维，是编织绳索的优良原料；其茎皮纤维，可加工成人造棉，供纺织用。可入药，具清热利湿，排脓止痛之功效，用于感冒发热、扁桃体炎、细菌性痢疾、泌尿系结石、黄疸、痢疾、腹中疼痛等。

分布：原产广东，浙江、海南有分布记录，西沙群岛常见。

圆叶黄花稔和细穗草稀疏草丛（西沙七连屿）

海岸沙地上的海人树和银毛树（西沙七连屿）

海岸沙地上的海人树（西沙七连屿南岛）

海人树

Suriana maritima Linn.

别名：滨樗。

苦木科常绿灌木或小乔木。

海岸特有树种，热带海岸一线木本植物，常见于高潮线上缘的海岸活动沙丘、珊瑚礁缝隙中。

生命力极强，树形特别，叶肉质翠绿，枝叶茂密，耐修剪，病虫害少，颜色深绿，是海岸沙地绿化的优良树种，也是优良的诱蝶植物。

分布：海南（西沙、中沙和东沙群岛）。少见。

海岸沙地木麻黄林下的鸦胆子（海南昌江棋子湾）

海岸沙地上的鸦胆子（海南东方黑脸琵鹭自然保护区）

鸦胆子

***Brucea javanica* (Linn.) Merr.**

别名：老鸦胆、鸭蛋子。

苦木科落叶灌木或小乔木。

常见于海岸固定沙丘、受强风吹袭的基岩海岸石缝、海岸迎风面山坡，常与露兜树、刺葵、仙人掌等生长在一起组成海岸沙丘刺灌丛。

适应性强，无病虫害，灰白色的枝条在滨海植物中独树一帜，是优良的海岸绿化植物。种子称鸦胆子、老鸭胆、苦参子等，是我国民间常用传统中草药，主治阿米巴痢疾、疟疾、痔疮等。

分布：福建、广东、广西、海南、香港和台湾。常见。

海岸刺灌丛后缘的鸦胆子（海南三亚湾）

海岸沙地的海葡萄（美国佛罗里达，照片提供：廖宝文）

海岸沙地上的海葡萄灌丛（美国夏威夷，照片提供：刘海桑）

海葡萄

Coccoloba uvifera (Linn.) Linn.

别名：树蓼。

蓼科落叶灌木或小乔木。总状花序结果后下垂，坚果被肉质花被所包藏，成熟后花被呈紫红色，状如葡萄，海葡萄由此得名。

典型海岸植物，常出现在后滨沙地和海岸风沙带，是热带海岸灌木林的先锋树种。耐盐及耐盐雾能力与椰子相当，一般认为凡是椰子能够生长的地方就可以种植海葡萄。

树形美观，是热带及南亚热带地区海岸沙地绿化的理想植物，更是体现热带海岸风光的景观树种。落叶前树叶变红褐色，是高级插花材料。

分布：原产美国佛罗里达南部、巴哈马群岛、西印度群岛，我国福建、广东、海南、香港和台湾有引种。少见。

高潮带上缘海岸沙地上的南方碱蓬（海南三亚铁炉港）

海岸沙地上的南方碱蓬（海南东方黑脸琵鹭自然保护区）

南方碱蓬

***Suaeda australis* (R. Br.) Moq.**

别名：海英菜。

藜科多年生小灌木。

滨海特有植物，常见于潮水可淹及的中潮带与高潮带泥沙地和淤泥质滩涂，也常见于海岸半固定沙丘。

适应性广，易栽培，易繁殖，常成片生长。叶片黄酮类化合物含量较高，具较强药用价值，叶可食用与饲用，富含多种营养成分，在生产食用油、蛋白饲料等方面具有很高的应用价值，被认为是海洋农业的作物化植物资源。

分布：浙江、福建、广东、广西、海南、香港和台湾。常见。

高潮带沙地上的南方碱蓬（广西北海大冠沙）

基岩海岸上的匍匐滨藜（海南昌江棋子湾）

沙地前沿的匍匐滨藜（海南东方八所）

匍匐滨藜

Atriplex repens Roth

藜科小灌木。

海岸带与海岛特有植物，常见于海岸空旷沙地，也可在鱼塘堤岸和基岩海岸石缝生长。

全草入药，性微苦、辛，祛风行湿，消肿解毒。主治白带、月经不调、关节炎及皮炎等。

分布：广东（雷州半岛）、海南（常见）和香港（少见）。

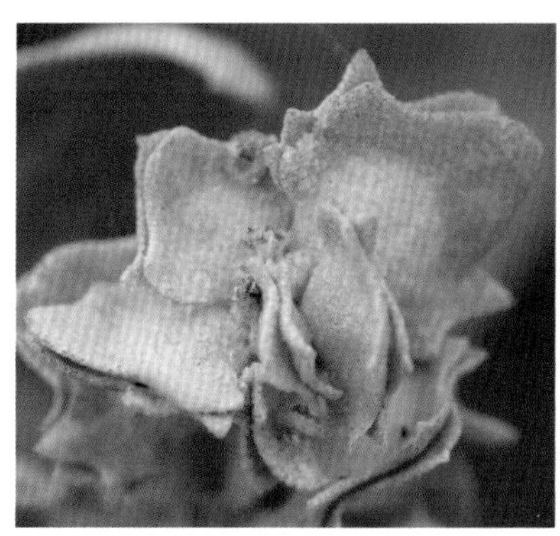

海岸沙地上的匍匐滨藜（海南儋州峨蔓）

沙地露兜树种植（海南三亚湾）

露兜树用于海岸绿化（海南乐东莺歌海）

露兜树

Pandanus tectorius Park.

别名：林投、野菠萝。

露兜树科多年生有刺灌木或小乔木。聚合果球形，成熟后金黄色，形似菠萝，故有“野菠萝”之称。

我国南方海岸沙地标志性植物之一，常成片生长于海岸固定沙丘、沙席或林间空地。

根系发达，形态奇特，花香浓郁，栽培容易，是防风固沙的优良树种，更是滨海沙地优良的绿化植物和固沙植物。

分布：福建、广东、广西、海南、香港和台湾。常见。

露兜树用于海岸绿化（澳大利亚昆士兰州黄金海岸）

扇叶露兜树和椰子（海南三亚铁炉港）

海岸沙地前沿的扇叶露兜树（广西北海银滩）

扇叶露兜树

Pandanus utilis Borg.

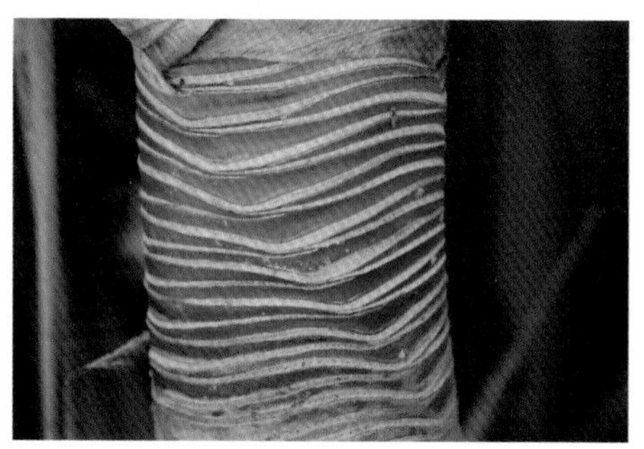

别名：红刺林投、红章鱼树、红刺露兜树、有用露兜树。

露兜树科常绿灌木或小乔木。

海岸原生树种，多见于后滨沙地最前沿灌木林缘。在美国，扇叶露兜树被认为具有强耐盐能力和耐盐雾能力的绿化树种，可以在受强风吹袭的海岸沙地内缘生长。

奇特的株形，螺旋形排列扶摇直上的茎顶，坚挺而具红边的叶片，粗大的支柱根、奇特的果实，使其有“时来运转”之美名，成为滨海旅游区海岸沙地及高档住宅区优良的庭院美化树种。

分布：原产非洲马达加斯加岛和毛里求斯岛，我国福建、广东、广西、海南、香港和台湾常作为观赏植物栽培。

海岸沙地上的单叶蔓荆灌丛（海南昌江棋子湾）

海岸沙地前沿的单叶蔓荆（海南昌江棋子湾）

单叶蔓荆

Vitex rotundifolia Linn. f.

别名：蔓荆子、海埔姜。

马鞭草科落叶灌木。

典型海岸沙生植物，在滨海沙地植物演替中，是最先侵入流动沙丘的木本植物，也成为滨海沙地最前沿的木本植物。

生长快，扩散能力强，具有匍匐生长和沙埋生根的特点，是沙质海岸最优良的防风固沙树种和绿化树种，也是沿海防护林优良的灌木树种，还是很好的蜜源植物。果实中药名蔓荆子，主治风热头痛、目赤肿痛等。

分布：浙江、福建、广东、广西、海南、香港和台湾。常见。

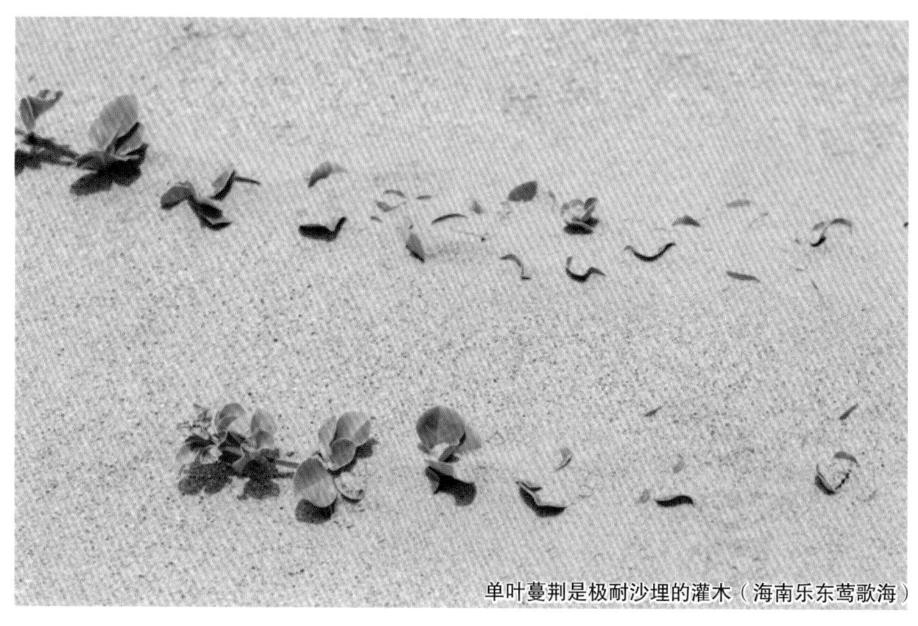

单叶蔓荆是极耐沙埋的灌木（海南乐东莺歌海）

海岸沙地前沿的钝叶臭黄荆（台湾垦丁香蕉湾）

海岸沙地前沿的钝叶臭黄荆（台湾垦丁大街）

钝叶臭黄荆

***Premna serratifolia* Linn.**

别名：伞序臭黄荆、台湾鱼臭木、臭娘子。

马鞭草科半落叶灌木或小乔木。

典型海岸植物，多生长于海岸沙地灌丛或海岸林林缘。

枝叶青翠，明亮富光泽，耐修剪，是优良的滨海绿化植物，适用于花坛美化、绿篱或盆景。

分布：广东、广西、海南、香港和台湾，福建厦门有引种。偶见。

海岸沙地前沿的钝叶臭黄荆（海南三亚）

基岩海岸石缝中的苦郎树（广西防城港怪石滩）

海岸沙地前沿的苦郎树（海南乐东佛罗）

苦郎树

Clerodendrum inerme (Linn.) Gaertn.

别名：许树、苦蓝盘、假茉莉。

马鞭草科常绿蔓性灌木。

典型海岸植物，多生长于滨海沙地风沙带、红树林林缘、基岩海岸石缝和堤岸。

对环境具有广泛适应性，生长速度快，枝条蔓性伸展，是极佳的防风固沙植物，也可作海岸绿篱或堤岸绿化植物。

分布：福建、广东、广西、海南、香港和台湾。常见。

海岸沙地上的苦郎树（广西涠洲岛）

千头木麻黄用于海岸绿化（福建厦门环岛路）

千头木麻黄

Casuarina nana Sieb. ex Spreng.

别名：木贼叶木麻黄。

木麻黄科常绿灌木。

适应性强，生长迅速，病虫害少，植株低矮，枝叶浓密，萌芽力强，叶色翠绿，耐修剪，是海岸沙地极佳的绿篱植物。

分布：原产澳大利亚，福建、广东、海南、香港和台湾有栽培。常见。

千头木麻黄用于海岸沙地绿化（福建厦门环岛路）

千头木麻黄用于海岸绿化（福建厦门环岛路）

海岸沙地上的牛角瓜（海南昌江棋子湾）

海岸沙地灌草丛中的牛角瓜（海南东方）

牛角瓜

***Calotropis gigantea* (Linn.) W. T. Ait.**

别名：五狗卧花心、狗仔花。

萝藦科直立灌木或小乔木。蓇葖果通常单生，状如牛角，牛角瓜由此得名。

常见于低海拔干旱、半干旱地带的旷野、山坡及海边，而在海南岛的西部及南部沿海沙滩地上，牛角瓜常见于海岸固定沙丘，部分植株可以分布于受强海风和盐雾侵袭的海岸前丘。

适应性强，病虫害少，生长速度很快，不需管理即可生长良好。树形美观，花形独特，是滨海地区良好的观赏植物。白色汁液碳氢比例和原油相近，有望作为能源植物被开发利用。果实有毒，可杀虫和驱蚊，植株周围少有蚊虫。

分布：广东、广西和海南，福建厦门有引种。海南西海岸常见，其他地区少见。

海岸沙地上的枸杞（福建平潭龙凤头）

海堤上的枸杞（福建泉州湾）

枸杞

***Lycium chinense* Mill.**

别名：枸杞子、枸杞菜。

茄科落叶或半常绿灌木。

典型海岸植物，常见于后滨沙地和木麻黄林空隙，也常见于鱼塘堤岸和基岩海岸浪花飞溅区石缝。

适应性强，易栽植，萌芽力强，是滨海地区庭院绿化、护堤的好材料。果（枸杞子）是名贵中药，营养丰富，幼苗或嫩茎叶作蔬菜用。

分布：我国由北至南广泛分布。常见。

海岸沙地上的枸杞（福建漳浦前亭）

海岸沙地前沿的光叶柿（海南昌江棋子湾）

海岸沙地木麻黄林缘的光叶柿（海南三亚小东海）

光叶柿

Diospyros diversilimba Merr. et Chun

别名：黑猪子、黑烈树、乌力果。

柿树科灌木或乔木。

海岸沙地刺灌丛常见植物之一。

果有毒，如不慎误食，会出现吐、泄或昏迷症状。

分布：广东、广西和海南（三亚、乐东和儋州）。海南常见，广东和广西偶见。

木麻黄林缘的青皮刺（海南昌江棋子湾）

青皮刺

Capparis sepiaria Linn.

别名：公须花、曲枝槌果藤、曲枝山。

山柑科常绿灌木或藤本。

海岸带与海岛特有植物，常见于海岸沙地刺灌丛和疏林中，为海岸灌丛最前沿的植物之一。

花极香，花期长，花量大，是滨海地区优良的绿篱植物和蜜源植物。

分布：广东、广西和海南。常见。

海岸沙地前沿的青皮刺（海南东方墩头）

海岸沙地前沿的蛇藤（海南三亚大小洞天）

海岸沙地前沿的蛇藤（海南三亚青梅港）

蛇藤

***Colubrina asiatica* (Linn.) Brongn.**

别名： 亚洲滨枣。

鼠李科藤状灌木。

海岸与海岛特有植物，常见于海岸沙地刺灌丛或疏林。在一些坡度较大的海岸，常在后滨沙地的高潮线上缘成片出现，成为最靠近海水的灌木。

性喜高温湿润的环境，但也可以在干旱的海岸沙地生长，适应性强，不拘土质，病虫害少，生长快，可以作为滨海地区的绿篱及堤岸护坡植物。

分布： 广东、广西、海南、香港和台湾。偶见。

基岩海岸石缝中的车桑子（福建龙海大破灶屿）

海岸沙地海岸林空隙的车桑子（海南三亚亚龙湾）

车桑子

Dodonaea viscosa Jacq.

别名：山相思、坡柳。

无患子科常绿灌木或小乔木。

常与酒饼簕、刺裸实、仙人掌、刺篱木等组成海岸刺灌丛，也见于海岸沙地木麻黄防护林空隙及基岩海岸浪花飞溅区。

适应性广，生长迅速，萌芽能力强，为优良的海岸防风固沙树种。材质坚硬，可供雕刻。

分布：浙江、福建、广东、广西、海南、香港和台湾。常见。

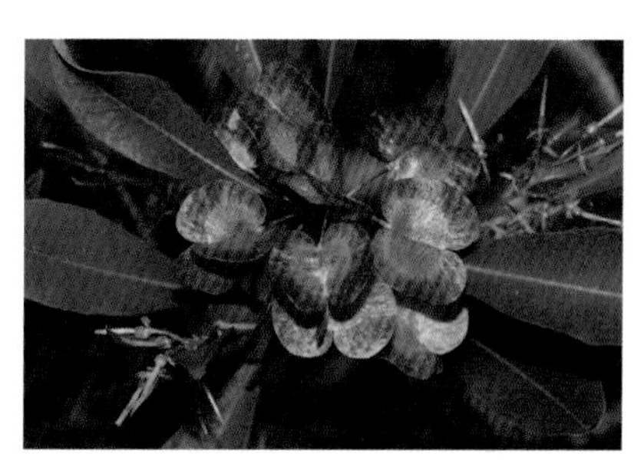

海岸沙地后缘岩石上的车桑子（福建厦门鼓浪屿）

基岩海岸石缝中的刺裸实（浙江平阳南麂岛）

海岸沙地上的刺裸实（海南三亚青梅港）

刺裸实

Gymnosporia diversifolia Maxi.

别名：变叶裸实、变叶美登木。

卫矛科常绿灌木。

海岸刺灌丛代表植物之一，常与露兜树、仙人掌等组成海岸沙地最前沿灌丛。

茎多分枝，耐修剪，果形奇特，果色艳丽，果期长，为滨海地区海岸防风林、绿篱、庭院美化及盆栽的优良树种。

分布：浙江、福建、广东、广西、海南、香港和台湾。常见。

珊瑚礁上的刺裸实（台湾垦丁猫鼻头）

海岸草丛前沿的刺裸实（福建石狮祥芝）

海岸沙荒地上的仙人掌（海南三亚天涯镇）

海岸沙地前沿的仙人掌灌丛（广西涠洲岛）

仙人掌

Opuntia dillenii (Ker Gawl.) Haw.

单刺仙人掌

别名：澎湖苹果。

仙人掌科多年生常绿灌木。

广泛生长于后滨沙地，为最前沿的海岸灌丛植物，也常见于海岸礁石的缝隙中。单刺仙人掌（*O. monacantha* Haworth）也是海边常客，与仙人掌生长环境类似。

栽培容易，成活后不需养护，植株形状奇特，花大色艳，花期长，是海岸沙地绿化的优良植物。成熟果实酸甜可食。

分布：原产西印度及墨西哥，浙江、福建、广东、广西、海南、香港和台湾海岸。常见。

基岩海岸石缝中的酒饼簕（海南万宁和乐镇）

酒饼簕

Atalantia buxifolia (Poir.) Oliv. ex Bent.

别名：酒瓶簕、乌柑仔、东风橘。

芸香科常绿灌木。叶子形状似柑橘，成熟果实乌黑色，故又称“乌柑仔”。

海岸沙地刺灌木代表性植物，常与露兜树、仙人掌、刺裸实等组成沙生刺灌丛。

病虫害少，耐修剪，是滨海地区园林绿化的好材料，经常被用作盆景材料，唯一的缺点是生长速度较慢。叶具芳香油，是野外最佳提神植物；果实成熟后甜美多汁可食用；根药用，可治感冒、头痛、咳嗽、支气管炎等；木材淡黄白色，坚密结实，为细工雕刻材料。

分布：福建、广东、广西、海南、香港和台湾。常见。

海岸空旷沙地上的小叶九里香（海南三亚天涯镇）

海岸沙地木麻黄林缘的小叶九里香（海南三亚）

小叶九里香

***Murraya microphylla* (Merr. et Chun) Swingle**

芸香科常绿灌木。

热带海岸沙地特有植物，常见于海岸沙地灌木林内，为海岸最前沿灌木植物之一。

株形美观，叶小巧翠绿，花色洁白，芳香，是极佳的海岸沙地绿化植物。

分布：海南。少见。

海岸沙地木麻黄林缘的小叶九里香（海南三亚天涯镇）

海岸沙地刺灌丛中的翼叶九里香（海南三亚）

海岸沙地刺灌丛中的翼叶九里香（海南儋州峨蔓）

翼叶九里香

Murraya alata Drake

别名：山辣椒、海南九里香。

芸香科常绿灌木，叶轴有宽0.5～3.0 mm的叶翼，翼叶九里香由此得名。

常见于海岸迎风面固定沙丘、鱼塘堤岸和珊瑚礁石缝，与仙人掌、苦郎树等组成风沙带最前沿灌丛。

适应性强，株形优美，枝叶秀丽，花香宜人，非常适合在华南滨海地区做绿篱栽植。

分布：广东、广西和海南。少见。

福建茶用于海岸道路绿化（福建厦门环岛路）

福建茶是热带海岸刺灌丛中的常见植物（海南昌江棋子湾）

福建茶

Carmona microphylla (Lam.) G. Don

别名：基及树、小叶厚壳树。

紫草科常绿灌木。

海岸刺灌丛常见植物，多见于海岸固定沙丘、海岸林空隙、红树林内缘等地。

植株矮小，多分枝，耐修剪，可塑性强，是优良的绿篱和盆景植物。

分布：福建、广东、广西、海南、香港和台湾。栽培广泛。

福建茶用于海岸沙地绿化（海南三亚湾）

[乔木]

海岸沙地上的圆柏（浙江舟山沈家门）

海岸沙地上的圆柏（福建莆田湄洲岛）

圆柏

Juniperus chinensis Linn.

别名：桧柏、刺柏、红心柏。

柏科常绿乔木。

喜光稍耐阴、耐寒、耐热，不耐水湿。对环境有广泛的适应能力，四季常青，树形优美，萌芽力强，耐修剪，生长慢，寿命长，为重要的材用及庭园观赏树种，也是良好的水土保持及防风固沙树种。树根、树干及枝叶可提取柏木脑的原料及柏木油。

普遍认为圆柏只能在轻度盐碱土壤上生长，且耐盐雾能力一般，在滨海地区的使用不多。但是，我们在浙江舟山、福建平潭和莆田湄洲岛等地发现，只要不是重盐雾区无遮挡的一线海岸，圆柏可以在海岸沙地正常生长，表现良好。

分布：我国各地广泛栽培，栽培历史悠久，品种多。

海岸沙地绿化带上的圆柏（福建平潭龙凤头）

海岸沙地上的白树（海南三亚湾）

海岸刺灌丛中的白树（海南昌江棋子湾）

白树

***Suregada multiflora* (Jussieu) Baill.**

别名：白树仔、球花脚骨脆、山柑仔。

大戟科常绿灌木或小乔木。

典型海岸植物，常见于红树林内缘、基岩海岸石缝、海岸沙地木麻黄防护林、沿海高位珊瑚礁等。

树形端庄，叶片光洁，是海岸防风林、滨海水岸及庭院绿化的优良树种。

分布：广东、广西、海南。偶见。

麻疯树是海岸乡村绿化的优良树种

海岸沙地刺灌丛中的麻疯树（广东徐闻）

麻疯树

Jatropha curcas Linn.

别名：麻风树、小桐子、臭油桐。

大戟科落叶灌木或小乔木。

常见于海岸风沙带固定沙丘、木麻黄防护林林隙。

生长迅速，繁殖容易，是良好的防风固沙植物，也是滨海地区优良的观赏植物。种子含油40%～60%，既是一种传统的工业油料植物，也是生物柴油的理想原料，是世界公认的具巨大开发潜力的能源植物。种子及汁液有毒。

分布：原产热带美洲，现广布全球热带地区。常见。

海岸沙地前沿的麻疯树（海南乐东莺歌海）

血桐用于海岸沙地绿化（澳大利亚昆士兰州黄金海岸）

海岸沙地前沿的血桐（广东深圳大亚湾）

血桐

Macaranga tanarius var. *tomentosa* (Blume) Müll. Arg.

别名：流血树、橙桐。

大戟科常绿或半落叶小乔木。树干受伤时会流出透明汁液，干后颜色像凝固的血液，血桐由此得名。

常见于环境条件较优越的海岸林中。

适应性强，生长速度快，病虫害少，树冠伞形，叶大茂密，可作海岸防风林、行道树等，更是海岸带旅游景点理想的遮阴树。

分布：广东、海南、香港和台湾，福建泉州有引种。常见。

血桐用于海岸沙地绿化（广东深圳大亚湾）

海岸沙地上的水黄皮（台湾高雄旗津）

海岸沙地上的水黄皮（海南三亚亚龙湾）

水黄皮

***Pongamia pinnata* (Linn.) Merr.**

别名：九重吹、水流豆。

豆科半落叶乔木。

海岸特有树种，也是典型的半红树植物，偶见于海岸迎风面沙丘或沙堤基部。

生长快，树冠伞形，树叶翠绿油亮，是优良的园景树、遮阴树、行道树及海岸沙地防风树。枝叶密度高，也是优良的防噪音树种。材质优良，可做各种器具。

分布：广东、广西、海南、香港和台湾，福建有引种。常见。

海岸沙地上的水黄皮（海南三亚天涯镇）

海杧果常用于园林绿化

海杧果用于海岸沙地绿化（海南三亚湾）

海杧果

***Cerbera manghas* Linn.**

别名：海檬果。

夹竹桃科常绿小乔木。

典型海岸植物，喜生于后滨沙地沙滩、海堤或近海的河流两岸及村庄边。

树冠阔卵形，枝叶浓密，花香，花期长，果形奇特，是滨海地区优良的园林绿化树种，也是海岸沙地优良的防护林树种。果实剧毒，要特别注意。

分布：广东、广西、海南、香港和台湾，福建厦门有引种。常见。

海岸沙地上的黄槿（台湾垦丁香蕉湾）

海岸沙地上的黄槿（澳大利亚昆士兰州黄金海岸）

黄槿

***Hibiscus tiliaceus* Linn.**

别名：粿叶树、面头果。

锦葵科常绿乔木。

典型半红树植物，常见于红树林林缘、后滨沙地、堤坝或村落附近。

适应性强，树冠浓密，花大色艳，花期长，已经广泛应用于滨海城镇绿化，更是滨海地区防风、防潮和固沙的优良树种。树皮纤维可编绳索，嫩芽和花可以炒食。

分布：福建、广东、广西、海南、香港和台湾。广泛应用于城镇园林绿化。

海岸沙地前沿的黄槿（台湾垦丁大街）

国内最大的莲叶桐（海南文昌会文）

莲叶桐

Hernandia nymphaeifolia (C. Presl) Kubit.

别名：腊树。

莲叶桐科常绿乔木。

典型的海岸带与海岛植物。滨海沙地演替后期种，生长于海岸风沙带或沙地疏林中，或基岩海岸的浪花飞溅区，为热带海岸林的重要成分之一。

适应性强，生长速度快，叶片浓绿，果形奇特，为理想的海岸沙地绿化和防护林树种。

分布：海南岛东海岸和台湾南部。少见。

莲叶桐用于海岸沙地绿化（海南三亚蜈支洲岛）

楝是南方常见的村镇绿化树种

海岸沙地刺灌丛中的楝（海南东方四必湾）

楝

***Melia azedarach* Linn.**

别名：苦楝、楝树。

楝科落叶乔木。

常见于滨海沙地防护林，与木麻黄混交显示出良好的适应性。

病虫害少，萌芽力强，生长迅速，树形优美，羽叶清秀，紫花芳香，是沿海地区优良的庭荫树、行道树和沿海防护林树种。材质优良，适宜用作家具、农具等。干根皮药用，可驱蛔虫和钩虫，根皮粉调醋可治疥癣。

分布：黄河以南各省区。常见。

海岸沙地木麻黄林中的楝（海南乐东佛罗）

木麻黄幼林（海南乐东莺歌海）

海岸沙地前沿的木麻黄（福建莆田湄洲岛）

木麻黄

***Casuarina equisetifolia* Linn.**

别名：短枝木麻黄、马尾树。

木麻黄科常绿大乔木。

典型海岸植物，从后滨沙地一直到海岸林都可以生长，也偶见于红树林中。

适应性强，不拘土质，生长速度快，萌芽力强，根系发达，枝叶浓密，具固氮能力，可在海岸流动沙丘、盐碱滩地、冲积平原及沿海丘陵、低山坡地种植，是我国华南沿海地区防风固沙林的最主要树种。

分布：原产大洋洲和太平洋岛屿，我国华南沿海广泛栽培，是华南地区沿海防护林的主要树种。同属的粗枝木麻黄（C. *glauca*）和细枝木麻黄（C. *cunninghamiana*）也在我国华南沿海地区广泛栽培。

强盐雾海岸沙地上的木麻黄群落（福建漳浦火山地质公园）

异叶南洋杉用于海岸沙地绿化（澳大利亚昆士兰州黄金海岸）

异叶南洋杉用于海岸沙地绿化（广西北海银滩）

异叶南洋杉

Araucaria heterophylla (Salisb.) Franco

别名：小叶南洋杉。

南洋杉科多年生常绿大乔木。

在受强劲海风吹袭的澳大利亚东海岸，异叶南洋杉作为观赏植物在滨海地区广泛种植。部分地方可直接种植在海岸风沙带最外缘。

适应性强，生长速度快，树形美观，耐盐雾能力强，可以在没有遮挡的强盐雾海岸沙地种植。材质优良，可供建筑及雕刻之用。

分布：原产于澳大利亚东海岸，浙江以南地区广泛栽培。

高密度种植的异叶南洋杉防风林（福建平潭龙凤头）

草海桐群落中的海岸桐（西沙七连屿）

海岸沙地前沿的海岸桐（西沙七连屿）

海岸桐

***Guettarda speciosa* Linn.**

别名： 葛塔德木、榄仁舅。

茜草科常绿小乔木或灌木。

典型海岸植物，常见于海岸沙地灌丛、礁石缝隙和砾石滩上。常与草海桐、水芫花、海滨木巴戟等组成海岸沙地低矮的森林。

树形优美，适合作行道树、园景树，尤其适合滨海地区绿化，为重要的海岸防风固沙植物。木材具深色斑纹，为优良家具用材。

分布： 海南岛南部、西沙群岛、台湾南部等。少见。

草海桐与海岸桐（西沙七连屿）

人工栽培的海滨木巴戟（海南三亚亚龙湾）

海岸沙地前沿的海滨木巴戟（海南三亚小东海）

海滨木巴戟

Morinda citrifolia Linn.

别名：海巴戟、檄树（台湾）、长生果。

茜草科常绿小乔木或灌木。

典型热带滨海植物，为海岸林及海岸灌丛的重要组成成分，常分布于高潮线附近的泥质海岸和珊瑚礁石上，也完全可以在海岸固定沙丘上正常生长。

树姿优美，叶色浓绿，栽培容易，是滨海沙地绿化的极佳树种。果实俗称“诺力果（noni）”，具有良好的食疗作用，在南太平洋一带素有“仙果”之美称。

分布：海南、台湾南部和西沙群岛有天然分布。厦门曾引种，但不能过冬。近年来海南岛和西沙群岛栽培较多。少见。

海岸沙地木麻黄林下的厚皮树（海南东方四必湾）

海岸沙地刺灌丛中的厚皮树（海南昌江棋子湾）

厚皮树

***Lannea coromandelica* (Houtt.) Merr.**

别名：喃木、脱皮麻、万年青、胶皮麻、赖皮树。

漆树科落叶小乔木。

海南西海岸落叶季雨林受破坏后残存或次生植被的常见植物，也是海岸刺灌丛向热带季雨林过渡植被成分，见于海岸风沙带。

生命力顽强，树冠广伞形，嫩叶紫红色，树皮厚，耐火耐干旱，是构建乡土特色的热带滨海园林绿化植物，也是优良的蜜源植物。树皮入药，用于治疗骨折及河豚和木薯中毒。

分布：广东、广西和海南。常见。

海岸砾石滩上的厚皮树（海南三亚小东海）

海岸沙地上的腰果（海南昌江棋子湾）

海岸沙地废弃的腰果园（海南昌江棋子湾）

腰果

Anacardium occidentale Linn.

别名：槚如树、鸡腰果、介寿果、树花生。

漆树科常绿灌木或小乔木。

适应性极强，结果期早，树冠开展，外貌深绿色，花期长，花香浓郁，是具典型热带特色的经济和生态树种，被认为是防风固沙的优良树种。果仁营养丰富，还具有很好的药用和保健价值，为世界四大干果之一。

分布：原产美洲，现作为经济作物在热带地区广泛栽培。福建、广东、广西、海南、香港和台湾有引种，海南和云南有小面积商业化栽培。

海岸沙地绿化带上的黑松（山东海阳）

黑松是浙江海岛绿化的最常用树种

黑松

***Pinus thunbergii* Parl.**

别名：日本黑松、白芽松。

松科常绿乔木。

常见于基岩海岸浪花飞溅区和海岸迎风面山坡，也见于大潮线上缘的海岸沙地。

可用作防风、防潮、防沙林带及海滨浴场附近的风景林、行道树或庭荫树，是亚热带及温带海岸沙地及轻度盐碱地绿化的主要树种，广泛应用于海岸山地及海岛绿化，被称为“海岸卫士”。黑松也是优良的盆景植物。

分布：原产日本及朝鲜南部沿海地区，我国辽宁、山东、江苏、浙江、福建和广东沿海地区广泛栽植。近年来松材线虫危害严重，使用时应注意。

海岸沙地上的榄仁树（海南万宁大洲岛）

榄仁树是海南常见绿化植物

榄仁树

***Terminalia catappa* Linn.**

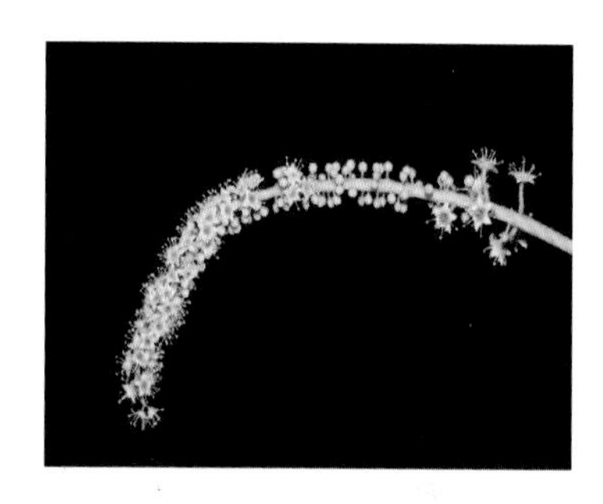

别名：枇杷树、山枇杷。

使君子科落叶大乔木。

典型热带海岸植物，常见于后滨沙地和红树林林缘，是热带海岸林最前沿的乔木树种。

树枝平展，树冠宽大如伞状，遮阴效果极好，春天新叶嫩绿，秋冬落叶时转为红色，是热带地区最能表现季节变化的树种，为海岸沙地极佳的园林绿化树种和防护林树种。材质优良，为桃花心木代用品。

分布：广东、广西、海南、香港和台湾，福建有引种。常见。

海岸沙地上的榄仁树（澳大利亚昆士兰州凯恩斯）

海岸沙地上的鹊肾树（海南昌江棋子湾）

海岸沙地上的鹊肾树和木麻黄（海南东方墩头）

鹊肾树

***Streblus asper* Lour.**

别名：鸡子。

桑科常绿灌木或小乔木。

热带海岸常见植物，常见于海岸沙地固定沙丘、基岩海岸浪花飞溅区和红树林林缘，为海岸沙地演替后期种类。

枝叶茂密，树形紧凑，耐修剪，是理想的盆栽材料，是海南岛和雷州半岛海边村镇的主要绿化植物之一。

分布：广东、广西、海南和台湾。常见。福建厦门有引种，耐受住了2016年年初的极端寒潮。

海岸村落中的鹊肾树

红树林内缘沙地上的铁线子（海南三亚青梅港）

海岸沙地木麻黄疏林内的铁线子（海南三亚）

铁线子

Manilkara hexandra (Roxb.) Dubard

别名： 铁色。

山榄科常绿乔木或大灌木。

典型海岸植物，热带海岸林成员之一，也是海岸刺灌丛的成员之一，在滨海沙地常见于刺灌丛。在海南三亚青梅港，铁线子生长于大潮可以淹及的红树林内缘海岸沙地。

生长速度慢，喜欢沙质壤土和石灰岩土壤。珍贵用材树种。

分布： 广东、广西和海南。少见。

海岸沙地上的莲雾（福建东山）

莲雾也是优良的观赏植物

莲雾

***Syzygium samarangense* (Blume) Merrill & L. M. Perry**

别名：洋蒲桃、人参果、爪哇蒲桃。

桃金娘科常绿乔木。

在海岸风沙带木麻黄防护林内侧种植，长势良好。

树冠广阔，四季常青，花期绿叶白花，果期绿叶红果，为滨海地区美丽的观果树种和风景树。著名的热带水果，台湾的黑珍珠莲雾更是莲雾中的精品。

分布：原产于马来半岛及安达曼群，我国福建、广东、广西、海南、香港和台湾常见栽培。

莲雾用于海岸绿化（海南海口万绿园）

琼崖海棠用于海岸沙地绿化（海南三亚湾）

海岸沙地上人工种植的琼崖海棠（海南三亚湾）

琼崖海棠

***Calophyllum inophyllum* Linn.**

别名：红厚壳、海棠果。

藤黄科常绿乔木。

典型海岸植物，是海岸灌丛、海岸林典型树种之一，一般生长于高潮线以上的泥质堤岸和风沙带固定沙丘，也常见于红树林林缘，与半红树植物如海杧果、露兜树、水黄皮、卤蕨等生长在一起。

枝繁叶茂，浓绿亮丽，是海岸沙地优美的风景林树种和防护林树种。在海南，琼崖海棠可以作为沿海木麻黄的替代树种。木材致密而坚重，可作为船舰及家具用材。

分布：广东、广西、海南和台湾。常见。

海岸沙地最前沿的琼崖海棠（西沙群岛）

海岸沙地前沿的朴树（福建泉州）

朴树的旗形树冠（福建惠安）

朴树

***Celtis sinensis* Pers.**

别名：沙朴。

榆科落叶乔木。

典型海岸带和海岛树种，为海岸沙地演替后期种类。朴树在滨海沙地的分布范围较广，多散生于海岸林的成熟群落内或群落外缘。在福建福州琅岐岛海岸沙丘上保存有以朴树为优势的海岸林。

适应性强，树冠圆满宽广，遮阴性好，寿命长，根系发达，是良好的庭荫树、行道树，也是材质优良的滨海风沙地防风固沙和护堤树种。

分布：泛热带分布，我国淮河流域、秦岭以南都有分布。华南地区常见。

海岸林缘的朴树（福建石狮石湖）

海岸沙地前沿的刺葵（海南三亚湾）

海岸沙地疏林内的刺葵（海南昌江棋子湾）

刺葵

Phoenix loureireoi Kunth

别名：台湾桄榔。

棕榈科常绿小乔木。

典型海岸植物，常见于海岸迎风面山坡及海岸沙丘，也可以在海岸泥质滩涂和基岩海岸石缝中生存。

适应性广，生长缓慢，病虫害少，树姿苍劲美观，是热带、亚热带地区海岸沙地绿化的优良树种。熟果味如枣，可食，嫩叶可作蔬菜。

分布：福建、广东、广西、海南、香港和台湾。常见。

刺葵是良好的海岸绿化植物（台湾高雄原生植物园）

椰子常用于园林绿化

椰子用于海岸沙地绿化（海南三亚湾）

椰子

Cocos nucifera Linn.

别名：可可椰子。

棕榈科常绿乔木。

海岸常见植物，滨海沙地范围内，从后滨沙地至海岸林均可生长，部分个体可生长于前滨沙地。

树干修长，树姿雄伟，生命力顽强，是最能体现热带滨海景观特色的树种，也是海岸防风固沙和绿化的优良树种。著名的热带水果。

分布：福建、广东、广西、海南、香港和台湾有栽培。福建厦门为国内引种椰子的北界。2000 年年初，种植的椰子大部分死亡。

椰子用于海岸沙地绿化（海南三亚湾）

银海枣用于海岸沙地绿化（福建厦门鼓浪屿）

银海枣是南方地区常见园林绿化植物

银海枣

Phoenix sylvestris Roxb.

别名：林刺葵、橙枣椰。

棕榈科常绿乔木。叶色灰绿中略呈银色，银海枣由此得名。

人工栽培前期管护下均可安全定植于后滨沙地和海岸风沙带。在福建厦门鼓浪屿，银海枣种植于后滨沙滩，表现良好。在台湾的高雄、垦丁等地，银海枣常见于受强海风吹袭的滨海公路两侧或公园，表现良好。

生长速度快，树形美观，茎干高大挺拔，羽片密而伸展，叶色灰绿，叶柄黄色，非常引人注目，为最具观赏性的滨海园林绿化植物。

分布：原产印度、缅甸，我国浙江南部、福建、广东、广西、海南、香港和台湾广泛栽培。

叶片基部针刺状裂片

海岸沙地前沿的橙花破布木（海南三亚某地）

橙花破布木秋冬季景观（海南三亚某地）

橙花破布木

Cordia subcordata **Lam.**

别名：橙花破布子。

紫草科半常绿或落叶小乔木。

海岸带与海岛特有树种，滨海沙地植被演替后期种类，常见于热带海岸风沙带疏林中。在海南三亚某地，橙花破布木生长于强盐雾海岸珊瑚碎屑堆中，为该地最前沿的乔木，秋冬季盐雾危害症状明显。

生长速度快，根系发达，树冠浓密，花大色艳，是热带海岸绿化的优良树种。其木质部具有明暗交错的美丽年轮，是制作餐具的极佳材料。

分布：海南三亚、西沙群岛和南沙群岛。少见。

与草海桐共生的银毛树（西沙七连屿）

海岸沙地前沿的银毛树（西沙七连屿）

银毛树

Tourneefortia argentea Linn. f.

别名：白水木、白水草。

紫草科常绿小乔木或中乔木。

热带海岸特有植物，多见于热带滨海沙地或珊瑚礁石上，与草海桐、水芫花、海南槐、海滨木巴戟等组成海岸灌丛的第一线植物。因为它生长的地方绝大多数是看得到海水的地方，所以有“白水木”之称。

枝条多分枝呈扇形，叶面长满白色绢毛，绿中带白的丛生叶在海滨植物中独树一帜；蝎尾状聚伞花序形态奇特，为重要的海滨绿化及防风固沙树种。

分布：广东珠江口、海南岛、西沙群岛及台湾。少见。福建、广东和台湾有少量人工栽培。

海岸沙地前沿的抗风桐（海南文昌清澜港）

抗风桐用于沙地绿化（西沙七连屿赵述岛）

抗风桐

***Pisonia grandis* R. Brown**

别名：麻枫桐、白避霜花。

紫茉莉科常绿乔木。

典型热带珊瑚岛海岸树种，多生长于海岸沙堤内侧。在西沙群岛的永兴岛和东岛，抗风桐遍布干涸礁湖的礁盘上，成为西沙群岛的主要森林类型。

栽培容易，生长迅速，叶大浓绿，是热带海岸及海岛的优良的防风、防潮和绿化植物。叶和树皮可用以治疗麻风病，俗称麻枫桐。叶大多汁，猪、牛、羊喜食。

分布：西沙群岛、南沙群岛和台湾南部。少见。

海岸沙地前沿的抗风桐（西沙七连屿）

参考文献

[1] ALVES F, ROEBELING P, PINTO P, et al. Valuing ecosystem service losses from coastal erosion using a benefits transfer approach：a case study for the Central Portuguese coast[J]. Journal of Coastal Research, 2009, (56)：1169-1173.

[2] BEKKER R M, LAMMERTS E J, SCHUTTER A, et al. Vegetation development in dune slacks: the role of persistent seed banks[J]. Journal of Vegetation Science, 1999, 10(5): 745-754.

[3] CLAUDINO-SALES V, WANG P, HORWITZ M H. Factors controlling the survival of coastal dunes during multiple hurricane impacts in 2004 and 2005：Santa Rosa barrier island, Florida[J]. Geomorphology, 2008, 95(3)：295-315.

[4] DEAN R G. Heuristic models of sand transport in the surf zone[C]. First Australian Conference on Coastal Engineering, 1973: Engineering Dynamics of the Coastal Zone. Institution of Engineers, Australia, 1973: 215.

[5] FAGGI A, DADON J. Temporal and spatial changes in plant dune diversity in urban resorts[J]. Journal of Coastal Conservation, 2011, 15(4)：585-594.

[6] GLEASON H A. The individualistic concept of the plant association[J]. Bulletin of the Torrey Botanical Club, 1926, 53(1): 7-26.

[7] ROSEN P, GOLDSMITH V, GERTNER Y. Eolian transport measurements, winds, and comparison with theoretical tansport in Israeli coastal dunes[M]. Coastal Dunes: Processes and Morphology, 1991: 79-101.

[8] GROOTJANS A P, ERNST W H O, STUYFZAND P J. European dune slacks：strong interactions of biology, pedogenesis and hydrology[J]. Trends in Ecology & Evolution, 1998, 13(3)：96-100.

[9] GROOTJANS A P, GEELEN H W T, JANSEN A J M, et al. Restoration of coastal dune slacks in the Netherlands[J]. Hydrobiologia, 2002, 478：181-203.

［10］HAYES, M O, BOOTHROYD, J C. Storms as modifying agents in the coastal environment. In: HAYES, M.O. (Ed.). Coastal Environments: NE Massachusetts. Department of Geology, University of Massachusetts, Amherst, 1969: 290-315.

［11］HESP P A, DILLENBURG S R, BARBOZA E G, et al. Morphology of the Itapeva to Tramandai transgressive dunefield barrier system and mid-to late Holocene sea level change[J]. Earth Surface Processes and Landforms, 2007, 32(3): 407-414.

［12］JOHNSON J W. Scale effects in hydraulic models involving wave motion[J]. Eos, Transactions American Geophysical Union, 1949, 30(4)：517-525.

［13］KNIGHT T M, MILLER T E. Local adaptation within a population of Hydrocotyle bonariensis[J]. Evolutionary Ecology Research, 2004, 6(1):103-114.

［14］KOCUREK G, NIELSON J. Conditions favourable for the formation of warm-climate aeolian sand sheets[J]. Sedimentology, 1986, 33(6): 795-816.

［15］LIU P L F, LYNETT P, FERNANDO H, et al. Observations by the international tsunami survey team in Sri Lanka[J]. Science, 2005, 308(5728)：1595.

［16］PERNETTA J C, MILLIMAN J D. Land-ocean interactions in the coastal zone: implementation plan[J]. Oceanographic Literature Review, 1995, 9(42): 801.

［17］SHEPARD F P, MILLIMAN J D. Sea-floor currents on the foreset slope of the Fraser River Delta, British Columbia (Canada)[J]. Marine Geology, 1978, 28(3): 245-251.

［18］SILVA R, MARTINEZ M L, QDÉRIZ I, et al. Response of vegetated dune-beach systems to storm conditions[J]. Coastal Engineering, 2016, 109(109): 53-62.

［19］SUN E J. Studies on scorching of rice plants and trees on northwestern coastal areas of Taiwan III. Pathological evidences of salt spray injury to major wind break trees[J]. Plant Protection Bulletin, 1992, 34(4): 283-293.

［20］蔡锋, 苏贤泽, 曹惠美, 等. 华南砂质海滩的动力地貌分析[J]. 海洋学报（中文版）, 2005, 27(2): 106-113.

［21］曹子龙, 赵廷宁, 郑翠玲, 等. 带状高立式沙障防治草地沙化机理的研究[J]. 水土保持通报, 2005, 25(4): 15-19.

［22］陈方, 贺辉扬. 海岸沙丘沙运动特征若干问题的研究——以闽江口南岸为例[J]. 中国沙漠, 1997, 17(4): 355-361.

［23］陈方, 朱大奎. 闽江口海岸沙丘的形成与演化[J]. 中国沙漠, 1996, 16(3):

228-234.

[24] 陈吉余. 中国海岸带地貌[M]. 北京: 海洋出版社, 1996.

[25] 陈吉余, 沈焕庭, 恽才兴, 等. 长江可口动力过程和地貌演变[M]. 上海: 上海科学技术出版社, 1988.

[26] 陈吉余, 王宝灿, 虞志克, 等. 中国海岸发育过程和演变规律[M]. 上海: 上海科学技术出版社, 1989.

[27] 陈吉余, 夏东兴, 虞志英. 中国海岸侵蚀概要[M].北京: 海洋出版社, 2010.

[28] 陈慧英, 汤坤贤, 孙元敏, 等. 海岛植被修复中的耐旱植物筛选及抗旱技术研究[J]. 应用海洋学学报, 2016, 35(2): 223-228.

[29] 陈鹏, 高建华, 朱大奎, 等. 海岸生态交错带景观空间格局及其受开发建设的影响分析——以海南万泉河口博鳌地区为例[J]. 自然资源学报, 2002, 17(4): 509-514.

[30] 陈青霞. 惠安县沙地木麻黄台湾相思混交林研究[J]. 安徽农学通报, 2011, 17(9) : 158-159.

[31] 陈顺伟, 高智慧, 岳春雷, 等. 杜英等树种对盐雾胁迫的反应及其生理特性研究[J].浙江大学学报(农业与生命科学版), 2001, 27(4): 398-402.

[32] 陈欣树. 广东和海南岛砂质海岸地貌及其开发利用[J]. 热带海洋, 1989, 8(1): 43-51.

[33] 陈雪英, 吴桑云. 海岸侵蚀灾害管理中的几项基础工作[J]. 海岸工程, 1998, 17(4) : 57-61.

[34] 陈荫孙. 沿海沙地夹竹桃造林技术研究[J]. 安徽农学通报, 2013, 19(13): 126-127.

[35] 陈征海, 张晓华. 浙江海岛砂生植被研究: (I) 植被的基本特征[J]. 浙江林学院学报, 1995, 12(4): 388-398.

[36] 陈子燊. 粤西水东湾现代沉积环境特征与泥沙搬运路径[J]. 热带海洋, 1996, 15(3): 6-13.

[37] 董玉祥. 海岸风沙地貌类型与分布的研究[J]. 地貌・环境・发展, 2004: 71-78.

[38] 董玉祥. 中国的海岸风沙研究: 进展与展望[J]. 地理科学进展, 2006, 25(2): 26-35.

［39］董玉祥, 马骏, 黄德全. 福建长乐海岸横向前丘表面粒度分异研究[J]. 沉积学报, 2008, 26(5): 813-819.

［40］杜建会, 董玉祥, 胡绵友. 海岸沙地生态系统服务功能研究进展与展望[J]. 中国沙漠, 2015, 35(2): 479-486.

［41］范航清. 广西海岸沙滩红树林的生态研究 I: 海岸沙丘移动及其对白骨壤的危害[J]. 广西科学, 1996, 3(1): 44-48.

［42］冯志强, 刘宗惠, 柯胜边. 南海北部地质灾害类型及分布规律[J]. 中国地质灾害与防治学报, 1994, 5（S）: 171-180

［43］福建海岸带和海涂资源综合调查领导小组办公室.福建海岸带和海涂资源综合调查报告[R].北京:海洋出版社, 1990.

［44］傅命佐, 徐孝诗. 黄渤海海岸风沙地貌类型及其分布规律和发育模式[J]. 海洋与湖沼, 1997, 28(1): 56-65.

［45］高国栋, 缪启龙, 王安宇. 气候学教程[M]. 北京: 气象出版社, 1996.

［46］高伟, 叶功富, 游水生, 等. 不同干扰强度对沙质海岸带植物物种 β 多样性的影响[J]. 生态环境学报, 2010, 19(11): 2581-2586.

［47］高智勇, 蔡锋, 和转, 等. 厦门岛东海岸的蚀退与防护[J]. 台湾海峡, 2001, 20(4): 478-483.

［48］广东省海岸带和海涂资源综合调查领导小组办公室. 广东省海岸带和海涂资源综合调查报告[R]. 北京:海洋出版社, 1988.

［49］广西壮族自治区海岸带和海涂资源综合调查领导小组. 广西壮族自治区海岸带和海涂资源综合调查专业报告,第七卷 植被和林业[[R]. 北京:海洋出版社, 1986.

［50］何耀初. 小良水土保持林的树种选择与营林结构的研究[J]. 中国水土保持, 1987(6): 2-5.

［51］胡亚斌. 台湾岛海岸线遥感提取与 35 年来演变特征分析[D]. 呼和浩特: 内蒙古师范大学, 2016.

［52］黄建国. 上扬子区(四川盆地)寒武系的含盐性与地质背景[J]. 沉积与特提斯地质, 1993(5): 44-56.

［53］黄少敏, 罗章仁. 海南岛沙质海岸侵蚀的初步研究[J]. 广州大学学报: 自

然科学版, 2003, 2(5): 449-454.

[54] 黄雅琴, 李尽哲, 王伟, 等. 利用蚕豆根尖微核检测技术监测校园水质[J]. 信阳农业高等专科学校学报, 2013, 23(2): 86-88.

[55] 黄义雄, 郑达贤, 方祖光, 等. 福建滨海木麻黄防护林带的生态经济效益研究[J]. 林业科学, 2003, 39(1): 31-35.

[56] 李春初. 华南港湾海岸的地貌特征[J]. 地理学报, 1986, 41(4): 311-320.

[57] 李从先, 张桂甲. 河流输沙与中国海岸线变化[J]. 第四纪研究, 1996, 3: 277-282.

[58] 李克让, 沙万英. 中国沿海地区的自然灾害类型及综合区划[J]. 自然灾害学报, 1996, 5(4): 18-28.

[59] 李生宇, 雷加强. 草方格沙障的生态恢复作用——以古尔班通古特沙漠油田公路扰动带为例[J]. 干旱区研究, 2003, 20(1): 7-10.

[60] 李晓. 盐碱地绿化栽植技术措施[J]. 吉林农业, 2015(2): 111.

[61] 李新荣, 肖洪浪, 刘立超, 等. 腾格里沙漠沙坡头地区固沙植被对生物多样性恢复的长期影响[J]. 中国沙漠, 2005, 25(2): 173-181.

[62] 李杨帆, 杨旸, 朱晓东. 连云港市海岸带功能区划初步研究[J]. 海岸工程, 2001, 20(4): 43-50.

[63] 李震, 雷怀彦. 中国砂质海岸分布特征与存在问题[J]. 海洋地质动态, 2006, 22(6): 1-4.

[64] 林惠来. 台湾海峡西岸历史年代风沙的初探[J]. 台湾海峡, 1982, 1(2): 74-81.

[65] 林鸣, 王文卿. 浪花飞溅区高山榕盐害机制初步探讨[J]. 厦门大学学报(自然科学版), 2006, 45(2): 284-288.

[66] 林平华. 平潭岛沙地木麻黄不同品种造林试验初步研究[J]. 绿色大世界: 绿色科技, 2016(11): 25-26.

[67] 林武星, 黄雍容, 叶功富, 等. 沙质海岸木麻黄+ 湿地松林不同混交模式综合效益评价[J]. 中国水土保持科学, 2013, 11(5): 70-75.

[68] 刘昉勋, 黄致远, 蔡守坤.江苏海岸沙生植被的研究[J]. 植物生态学与地植物学学报, 1986, 10(2): 115-123.

[69] 刘建辉, 蔡锋. 福建旅游沙滩现状及开发前景[J]. 海洋开发与管理, 2009, 26(11): 78–83.

［70］刘腾辉, 杨萍如. 广东的滨海沙土资源[J]. 自然资源学报, 1988, 3(4): 356-366.

［71］刘锡清. 中国海洋环境地质学[M]. 北京: 海洋出版社, 2006.

［72］刘志民, 马君玲. 沙区植物多样性保护研究进展[J]. 应用生态学报, 2008, 19(1): 183-190.

［73］潘国轩, 林敦宇. 福建省第二水文地质工程地质队: 福建省海岸带地质地貌（陆地）综合调查报告[R]. 福建地质, 1986.

［74］全国海岸带办公室. 中国海岸带和海涂资源综合调查专业报告集[R]. 北京: 气象出版社, 1991.

［75］单家林, 余琳.海南滨海砂地种子植物区系的初步研究[J]. 广东林业科技, 2008, 24(6): 37-40.

［76］施雅风. 我国海岸带灾害的加剧发展及其防御方略[J]. 自然灾害学报, 1994, 3(2): 3-15.

［77］宋朝景, 赵焕庭, 王丽荣. 华南大陆沿岸珊瑚礁的特点与分析[J]. 热带地理, 2007, 27(4): 294-299.

［78］王伯荪. 植物群落学[M]. 北京: 高等教育出版社, 1987.

［79］王述礼, 孔繁智, 关德新, 等. 沿海防护林海煞危害初报[J]. 应用生态学报, 1995, 6(3): 251-254.

［80］王文卿, 陈琼. 南方滨海耐盐植物资源（一）[M]. 厦门:厦门大学出版社, 2013.

［81］王颖, 季小梅. 中国海陆过渡带——海岸海洋环境特征与变化研究[J]. 地理科学, 2011, 31(2): 129-135.

［82］王颖, 朱大奎.海岸地貌学[M]. 北京: 高等教育出版社, 1994.

［83］温国胜, 张国盛, 张明如, 等. 干旱胁迫条件下臭柏的气孔蒸腾与角质层蒸腾[J]. 浙江林学院学报, 2003, 20(3): 268-272.

［84］吴惠忠. 木麻黄林带下套种滠槁试验[J]. 安徽农学通报, 2015, 21(11): 96-97.

［85］吴宋仁. 海岸动力学[M].北京:人民交通出版社, 2000.

［86］吴逸波. 平潭沙质海岸木麻黄低效林的更新提升改造技术综述[J]. 安徽农学通报, 2013(7): 141-142.

[87] 吴正.风沙地貌与治沙工程学[M]. 北京: 科学出版社, 2003.

[88] 吴正, 黄山, 胡守真. 华南海岸风沙地貌研究[J]. 北京: 科学出版社, 1995.

[89] 吴正, 吴克刚. 海南岛东北部海岸沙丘的沉积构造特征及其发育模式[J]. 地理学报, 1987, 42(2): 129-141.

[90] 吴正, 吴克则, 黄山, 等. 华南沿海全新世海岸沙丘研究[J]. 中国科学: B辑, 1995, 25(2): 211-218.

[91] 夏东兴, 王文海, 武桂秋, 等.中国海岸侵蚀述要[J]. 地理学报, 1993, 48(5): 468-476.

[92] 许高明, 林云青, 蔡捷忠. 惠安木麻黄防护林造林技术调查报告[J]. 福建林业科技, 1985, 25(2): 31-39.

[93] 徐德成. 山东海岸沙生植被的初步研究[J]. 海岸工程, 1992, 11(4): 59-65.

[94] 徐向中, 柴成武, 邱作金. 干旱盐碱化退耕地造林技术研究[J]. 甘肃科技, 2014, 30(2): 131-133.

[95] 杨世伦. 海岸环境和地貌过程导论[M]. 北京: 高等教育出版社, 2003.

[96] 杨顺良, 郑承忠, 翁宇斌, 等. 厦门岛东南海岸贝壳层与风沙的研究[J]. 台湾海峡, 2002, 21(1): 12-17.

[97] 叶功富, 冯泽幸. 试论南方木麻黄海岸防护林的更新改造[J]. 浙江林业科技, 1993, 13(1): 60-63.

[98] 叶功富, 郭瑞红, 卢昌义, 等. 不同生长发育阶段木麻黄林生态系统的碳贮量[J]. 海峡科学, 2008, 10: 1-8.

[99] 叶银灿. 海洋灾害地质学发展的历史回顾及前景展望[J]. 海洋学研究, 2011, 29(4): 1-7.

[100] 翟杉杉, 刘志民, 闫巧玲. 近丘间低地沙障促进沙丘植被恢复的效应[J]. 生态学杂志, 2009, 28(12): 2403-2409.

[101] 张俊斌, 陈意昌, 翁士翔, 等. 台湾东部地区防风定砂之植生工法设计[J]. 水土保持研究, 2006, 13(16): 110-114.

[102] 张娆挺, 顾莉. 厦门及其邻区海岸高等植物的分布[J]. 应用海洋学学报, 1991, 10(4): 386-391.

[103] 张水松, 林武星. 海岸带风口沙地提高木麻黄造林效果的研究[J]. 林业科学, 2000, 36(6): 39-46.

[104] 张晓华, 应松康, 刘雪康, 等. 浙江海岛砂生植被研究: (Ⅱ) 天然植被类型及开发利用[J]. 浙江农林大学学报, 1997, 14(1): 50-57.

[105] 赵哈林, 赵学勇, 张铜会, 等. 沙漠化的生物过程及退化植被的恢复机理[M]. 北京: 科学出版社, 2007.

[106] 赵哈林, 周瑞莲, 赵学勇, 等. 呼伦贝尔沙质草地土壤理化特性的沙漠化演变规律及机制[J]. 草业学报, 2012, 21(2): 1.

[107] 赵文义. 抗蒸腾药剂应用研究[J]. 内蒙古林业科技, 1994(3): 46-48.

[108] 郑颖青, 吴启树, 林笑茹, 等. 近106 a来登陆福建台风的统计分析[J]. 台湾海峡, 2006, 25(4): 541–547.

[109] 中国科学院南海海洋研究所海洋地质研究室. 华南沿海第四纪地质[M]. 北京: 科学出版社, 1978.

索　引

中文名索引

G

H

J

K

L

M

N

P

Q

R

S

拉丁学名索引

A

B

C

D

E

F

G

H

I

J

L

M

P

R

S

T

V

W

Y

Z